차를 타고 떠나는
차 여행

차를 타고 떠나는 차 여행

초판 1쇄 발행 · 2023년 2월 28일

지은이 · 이유진
펴낸이 · 김동하

편집 · 이은솔
펴낸곳 · 책들의정원
출판신고 · 2015년 1월 14일 제2016-000120호
주소 · (10881) 경기도 파주시 회동길 445, 4층 402호
문의 · (070) 7853-8600
팩스 · (02) 6020-8601
이메일 · books-garden1@naver.com
인스타그램 · www.instagram.com/thebooks.garden

ISBN 979-11-6416-146-1 (03980)

차를 타고
떠나는
차 여행

 차 한 잔 여행 한 스푼

이유진 지음

paper bird

차 한 잔의 여유

하루도 빠짐없이 차를 마셔온 지 16년이 되었다. 나 홀로, 아이들과, 신랑과 함께 하는 차 한 잔이 있기에 삶이 훨씬 더 풍요로워졌다. 하지만 음식도 그렇고, 커피도 그렇고, 남이 해 준 것처럼 맛있는 건 또 없지 않은가. 늘 집에서 차를 우려 마시기에 '남타차(남이 타주는 차)'가 고픈 나였다. 누군가 우려주는 맛있는 차를 마시기 위해 찻집을 찾아 전국 방방곡곡을 여행하기 시작했다.

차와 여행의 만남. 나에게 있어 가장 매혹적이고 아름다운 페어링이 이 책을 읽는 많은 분들에게 전해지면 좋겠다. 인스타 감성을 채워줄 만큼 예쁜 카페들도 좋지만 고즈넉하고 한적한 시간을 누릴 수 있는 찻집이라는 이름의 공간이, 그곳에서 달여낸, 우려낸 차 한 잔이 이 세상을 살아가는 우리들에게 뜻밖의 위로와 여유를 선사해준다는 것을 말이다.

가장 핫하고 트렌디한 찻집들이 수도권에 모여 있다면 각 지역의 찻집들은 생각지도 못했던 지역적인 특색과 차의 재미를 지니고 있다. 도심에서는 결코 누릴 수 없는 시골의 정취와 높은 건물 없이 탁 트인 전경, 자박자박 걸어갈 수 있는 흙길, 넉넉한 시골 인심까지 각 지역의 찻집에서 만끽하고 돌아왔다. 제주의 감성을 그득하게 지니고 있는 멋진 찻집들도 잊을 수가 없다.

들를 수 있는 한 많은 찻집들을 들렀고, 그중에서도 더 많은 사람들에게 알리고 싶고, 마음이 가는 찻집들을 책에 담아보았다. 중국차나 한국차를 다루는 찻집들도 있었고, 쌍화차와 같은 한국의 대용차와 전통차를 만드는 찻집들도 있었다. 이 책에서는 차나무에서 만든 '차'뿐만 아니라 우리나라 고유의 '대용차'들도 만나볼 수 있다. 차 한 잔을 찾아서 여행을 떠나는 이들에게 이 책이 좋은 안내서가 되어주었으면 좋겠다.

나의 차 여행을 더욱 풍요롭게 해준 옆지기 다우, 우리 집 꼬마 티마스터 기연준, 그리고 친구들에게 감사를 전한다.

세상의 그 어떤 번뇌도, 스트레스도, 우울함도, 한 잔의 차로서 그 무게를 가벼이 할 수 있음을 이야기하고 싶다. 스스로 차를 우려 마시는 것도 좋지만, 가끔은 누군가 우려주는 한 잔의 차를 즐기러 전국 방방곡곡으로 훌쩍 떠나보면 어떨까.

2023년 2월 이유진

목차

3장

**강원도
충청도
전라도**

4장

제주도

1장

서울·경기

서울 종로

이음티하우스

같은 서울 하늘 아래지만 왠지 이곳의 시간은 조금 더 천천히 흘러가는 것 같은, 오래전부터 개인적으로 참 좋아하는 동네인 부암동은 길을 걷는 즐거움이 있는 곳이다. 꽃 피는 봄, 나뭇잎의 색이 짙어지는 여름, 낙엽이 떨어지는 가을과 펑펑 눈 내리는 겨울날까지도 무척이나 낭만적인 이 동네는 계절마다 찾는 즐거움이 다르다.

공기에서부터 한적함이 묻어나는 부암동을 걷다 보면, 살랑이는 바람에서 자연의 포근함이 느껴진다. 여름만 되면 길게 줄

을 서는 빙수 집도 있고, 내가 좋아하는 빵집도 보인다. 15년 전부터 단골이던 유명한 손만두 집도 있고, 원두가 정말 맛있는 카페도 있다. 이 길을 따라 조금 더 걸어가면 스콘이 맛있는 집도 나온다. 우리 동네가 아닌데도 마치 우리 동네처럼 익숙한 부암동은 참 오래전부터 들락거렸던 곳이다.

한국에서도 특히 서울은 모든 것이 빠르게 변화하는 곳이다. 인도에 4년간 다녀왔더니 모든 것이 로켓처럼 빨라진 서울 시내에서 그나마 예전의 모습 그대로를 지키고 있는 동네가 부암동이 아닌가 싶다. 파리에서 100년 이상 한 자리에서 운영하고 있는 상점들을 담아낸《파리상점》이라는 책이 있는데, 그 상점들은 내 평생 몇 번을 방문해도 그 자리에 있을 거란 생각을 하면 참 신기하고 또 정이 가는 것이었다. 10여 년 전 부암동에 있던 카페와 식당이 여전한 걸 보면서 왠지 모를 위안을 느낀다.

부암동 길가의 작은 상점들을 구경하며 걷다 보면 결이 살아 있는 나무 간판에 새겨져 있는 '이음티하우스'가 보인다. 간판 옆 쪽으로 난 계단을 따라 위층으로 올라가면 차를 마시기에 더없 이 좋을 편안한 공간이 펼쳐진다. 통유리 바깥으로는 계절의 흐 름을 고스란히 느낄 수 있는 자연 풍경이 펼쳐지고 봄에는 나비 가, 가을에는 잠자리가 날아다니며 자연 속에서 차를 만날 수 있 는 즐거움을 선사해 주는 곳이다.

단정하고 깔끔한 이 공간은 이곳의 차와 꼭 닮아 있다. 대만의 프리미엄급 차를 다루고 있는 이음티하우스에서는 다양한 대만의 차들을 만나볼 수 있는데, 대만의 우롱차뿐만 아니라 백차와 홍차 등 쉽게 접하기 힘든 차들이 구비되어 있어 더욱 매력적이다. 매번 대만의 차 산지에서 좋은 차를 들여오려는 노력의 결실이 바로 이 공간에 담겨 있다.

개인적으로 이곳의 '동방미인東方美人'을 추천하는데, 원래 이름은 '백호오룡白毫烏龍'이지만 엘리자베스 여왕이 '오리엔탈 뷰티Oriental Beauty'라고 극찬한 데서 이름이 유래했다는 설이 있다. 동방미인은 대만 우롱차의 한 종류로, '소록엽선'이라는 벌레가 찻잎을 깨물어 만들어지는 특유의 매혹적인 향기를 지니고 있다. 인도에서 만들어지는 다즐링 여름 차에서도 같은 현상을 만

나볼 수 있는데, 그래서 다즐링 여름 차를 마시면서 동방미인의 향기를 떠올리는 사람들이 있다. 대만과 인도라는 서로 다른 지역에서 만들어지는 차이지만, 벌레가 깨물어 비슷한 뉘앙스의 풍미를 지니게 된다는 것은 무척 흥미롭고 재미있는 일이다.

이음티하우스의 티테이스팅 코스는 예약제로 운영되는데, 내가 원하는 차를 선택해도 되지만 차를 잘 모른다면 추천해주는 차들도 괜찮다. 차에 대해서 조곤조곤 설명해주며 정성껏 우려주는 모습에 함께 간 다우들도 사뭇 진지해진다. 집에서는 단순히 차를 마시고 즐겼다면, 이곳에서는 차에 집중하며 맛과 향을 찾아내는 데에서 또 다른 즐거움을 만난 듯했다.

차에 대한 부가적인 지식과 양질의 정보를 배울 수 있어, 차를 조금 더 진지하게 만나보고 싶은 사람들에게도 추천한다. 친

구들과 함께, 혹은 나 혼자여도 좋다. 오롯이 나에게만 집중된, 나를 위한 특별한 티테이스팅 코스에서 몸과 마음의 평화를 만끽하고 차를 알아가는 시간을 누릴 수 있을 것이다. 오래도록 부암동을 지키는 터줏대감 같은 찻집이 되었으면 좋겠다.

이음티하우스

주소 서울 종로구 창의문로 137 2동 3층 201호
부암동 카페거리에서 레이지버거클럽이 있는 상아색 건물
왼쪽 계단을 따라 3층으로 올라가면 된다.

연락처 0507-1323-9823

영업시간 월, 금, 토, 일 13:00~19:00 라스트 오더 18:00

SNS @eum_teahouse

기타사항 티 테이스팅 코스는 예약제, 주차 가능, 무선 인터넷

명가원

언제 만나도 그저 좋고 편안한 사람들이 있다. 오랜만에 만나도, 어제 보고 또 봐도, 늘 반갑고 좋은 사람들. 마음의 위안이 필요하거나 내 모습 그대로를 마음껏 드러내고 싶을 때면 생각나는 친구들. 신랑도, 아이들도 없이, 간만에 홀가분하게 만난 우리들은 그 옛날 대학생 시절을 함께 보냈던 안국동 거리를 마음껏 거닐다가, 잠시 쉬었다 갈 요량으로 찻집을 찾는다. 오랜 친구들처럼 마음이 편안한 차를 만날 수 있는 공간이다.

문 앞에 활짝 피어난 꽃들이 반겨주는 명가원은 발을 딛는 순

간부터 눈을 뗄 수 없는 곳이다. 각종 중국차 기물들과 골동품들로 그득한 장식장을 하나하나 둘러보는 즐거움이 가득하다. 쉽게 만나볼 수 없는 골동품들과 중국 차도구들이 빼곡한 이곳은 나에게는 보물창고와도 같다. 나로 인해 차에 폭 빠지게 된 친구들 역시도, 자신에게 꼭 맞는 스타일의 여러 가지 차도구들을 골라낸다. 이미 많은 것들을 함께 나눌 수 있는 친구들이지만, 찻자리까지 함께 나눌 수 있음이 그저 행복하다.

명가원은 다실을 예약하여 시간제로 사용할 수 있어 우리끼

리 이야기를 나누며 차 한 잔 하기에 더없이 좋은 공간이다. 신을 벗고 들어가 털썩, 편안하게 자리에 앉으면 아침부터 바지런히 움직였던 피로감이 한 김 잦아든다.

이곳에서는 전통적인 보이차와 흑차를 만날 수 있다. 1980년대부터 1990년대, 2000년대…, 연도별로 준비되어 있는 보이차나 육보차와 같은 흑차를 주문하여 직접 우려 마실 수 있다. 흑차를 우리기에 적합한 중국 전통 차도구인 자사호도 테이블 위에 마련되어 있다. 자사호는 중국 의흥 지역의 '자사'라는 암석으로 만든 차호, 즉 중국식 찻주전자를 말한다. 온도를 유지하기 좋은 차도구이다 보니, 특히 전통적인 보이차를 우리면 진득하

고 풍부한 느낌으로 우려낼 수 있다.

테이블 위에는 자사호뿐만 아니라 우려낸 차를 담을 수 있는 유리 공도배, 찻잔과 물을 버리는 퇴수기, 넉넉한 양의 생수와 전기포트가 모두 준비되어 있어 편안하게 차를 우려 마시며 앉아서 쉴 수 있다. 차를 주문하면 은은한 향을 피워 차를 즐기기에 더 좋은 분위기가 형성된다.

친구들은 조곤조곤 이야기꽃을 피우며 내가 우려주는 차를 연신 홀짝거린다. 차를 마시며 이야기를 나누면 또 다른 진솔한 이야기들이 오간다. 차를 우려내고, 따라주고, 비워내고…. 차와 이야기, 이야기와 차가 어우러지는 시간이다.

매일 함께 마주하며 보내던 친구들인데, 마음만은 늘 변함없는데, 살다 보니 한 달에 한 번, 아니 서너 달에 한 번 만나기조차 힘들다. 그래서 이렇게 가끔 얼굴을 보면 그간 쌓였던 이야기들이 봇물 터지듯 터지고, 한바탕 이야기를 나누고 나면 그제야 마음이 편안해지는 것이다. 뜨겁게 우려낸 보이차 한 모금과 우리의 시간이 또 쌓여간다.

우리만의 공간에서 보이차로 에너지를 그득히 충전하고 다시 햇살 가득한 거리로 나선다. 시끌벅적하고 복잡한 안국동의 거리 한 편, 우리만의 조용한 휴식이 필요하다면, 이곳 명가원을 추천하고 싶다.

명가원

주소　서울 종로구 윤보선길 19-18
연락처　02-736-5705
영업시간　매일 11:00~20:00
SNS　linktr.ee/mgatea
기타사항　주차 가능, 포장, 예약, 무선 인터넷

티하철

사람은 누구나 양면적인 모습을 가지고 있다. 삶의 형태에 있어 어느 한 단어로 규정하기 힘든 부분들이 있다. 예를 들면 나는 MBTI 검사를 하면 늘 외향적인 사람이라는 결과가 나오지만, 그럼에도 내 안에 내향적인 모습이 있다는 것을 알고 있다. 그래서 사실, 우리나라에서는 MBTI가 혈액형이나 별자리처럼 재미로 인기를 끌고 있기는 하지만, 성격심리학에 있어서 MBTI보다는 빅파이브와 같은 '경향성' 정도를 알아보는 테스트가 훨씬 더 신뢰도가 높기는 하다.

  인도에 있는 동안 나는 틈만 나면 정말 '훌쩍' 떠나곤 했던 것
같다. 여행을 참 좋아하고, 미지의 땅을 탐험하는 것을 좋아한
다. 하지만 코로나19가 한참 지속되었을 때, 그렇게 여행을 좋아
하고 떠나는 걸 좋아하는 나는 힘든 걸 전혀 느끼지 못했다. 그
도 그럴 것이 나는 또 엄청난 집순이이기 때문이다. 집에 있으면
구석구석 청소할 곳도 많고, 해 먹고 싶은 빵이나 요리도 많고,
차도 마시고, 사진도 찍고 글도 쓰고…. 혼자서 할 수 있는 일들
이 너무 많기 때문에 집안에서 시간을 보내는 것 또한 참으로 좋
아하는 나이다 보니 아이러니할 수밖에 없다.

  하지만 '역시나, 떠나고 싶었구나.'라는 생각이 들었던 건 티
하철을 찾았을 때였다. 문을 열고 들어서는 순간 마치 베트남의
어느 한 가게에 와 있는 듯한(사실 베트남은 한 번도 가본 적이 없다) 느

낌이 드는 티하철, 그리고 행복행. 예쁜 이름처럼 행복이 묻어나는 공간이다. 벽에는 베트남 모자인 논라가 색색깔로 걸려 있고, 한쪽 벽면에는 베트남 차들이 줄지어 서 있다. 좌식 테이블에 있는 대자리와 베트남에서 사용하는 슬리퍼까지 갖추고 있는 완벽한 베트남 공간. 환하게 웃으며 맞이해주시는 사장님 역시 베트남 분이다.

티하철은 평일 오전에 티코스를 예약할 수 있는데, 쉽게 만나보기 힘든 여러 가지 베트남 차들을 마셔볼 수 있다. 베트남 녹차·백차·우롱차·홍차 중에서 세 가지 차를 골라 시음할 수 있는 귀한 시간. 이름도 처음 들어보는 차들과 우리나라에서는 만

나기 힘든 아글라이아꽃이나 홀아비꽃 같은 신기한 꽃이 블렌
딩된 우롱차들이 눈길을 끌었다.

베트남 차는 우리나라에 많이 알려져 있지는 않지만 전체 차
생산량에 있어 무려 세계 7위를 차지하는 나라이다. 녹차 생산
량은 5위를 차지하고 있을 만큼 많은 차를 생산하고 있다. 나는
베트남 백차와 녹차를 특히 좋아해서 종종 마시곤 하는데, 그런
나에게도 티하철에서 만난 차들은 무척이나 훌륭했다. 섬세하
면서도 깊은 맛과 향이 입안을 가득 채우는데 내어준 다식들과
도 참 잘 어울렸다. 인도에서의 추억이 생각날 거라며, 마살라가
묻어 있는 다식들을 준비해 주었는데 베트남에서도 인도와 비

숫한 스낵을 먹는다는 사실이 흥미로웠다. 내어주는 차와도 어쩜 이리 잘 어울리는지. 역시 그 나라 차를 마실 때는 그 나라 다식들이 제일 잘 어울리는 듯하다.

한국에서 오랜 시간을 거주했다는 사장님은 한국인보다 더 한국말을 잘하셔서 베트남 차에 대해 조곤조곤 이런저런 설명을 해주신다. 내려주시는 차는 하나같이 다 감탄스러웠고, 친절함과 진심이 묻어나는 그 시간이 참 소중했다. 함께 간 다우도 베트남 여행을 온 듯한 기분이어서 너무 좋다며, 당장이라도 베트남으로 떠나고 싶다는 말을 했다.

유쾌하고 따뜻한 땅투짱 사장님께서 맞이해주는 이곳, 베트남으로 떠나 차 한 잔 하고 싶은 마음이 든다면 티하철 행복행을 타라고 권하고 싶다. 이곳의 차 한 잔에, 행복 가득한 하루가 펼쳐진다.

주소 서울 마포구 동교로46길 42-5 2층 우측 202 티하철

연락처 0507-1376-2202

영업시간 수~금 14:00~21:00 토, 일 12:00~21:00

라스트 오더 20:30

SNS @teasubway_official

잎차

평생 서울에 살다가 처음으로 경기도 신도시에 거주하게 되었을 때, 생각지도 못했던 좋은 점들이 정말 많았다. 서울과 다른 맑은 공기와 밤하늘의 별, 차가 막히지 않는 한적한 도로, 짙푸른 녹음까지. 그리고 언제든 원하면 갈 수 있는 서울이 가깝다는 것.

서울은 지역마다 참 다른 색깔을 지니고 있는 도시이다. 각양각색에 깔끔하고 세련됨이 도시 서울의 이미지일지는 몰라도, 곳곳에 남아 있는 오랜 세월의 흔적들과 지금을 살아가는 사람

들의 다양한 세련미가 어우러져 서울만의 색깔을 내는 것이다. 그리고 이제는 외국인들마저 심심찮게 만나볼 수 있는 다국적 도시가 되어버린 서울에서, 아이러니하게도 가장 서울스러우면서도 또 가장 이국적인 곳이 있으니 그곳이 바로 해방촌이 아닌가 싶다.

해방촌 골목골목을 오르락내리락 걷다 보면 마치 포르투갈이나 스페인 남부 지역의 골목길을 걷는 듯한 착각을 일으킨다. 브라질에서 오래 살다 온 선배는 중남미의 어느 지역이 떠오른다고 했다. 시장을 개조하여 만들어진 신흥시장에서는 길거리에 무심히 놓여 있는 테이블과 의자, 와인 한 잔이 생각나는 풍경들과 더불어 노가리와 구운 라면, 구운 김을 파는, 그 옛날 간판을 아직도 달고 있는 허름한 동네 상회가 공존한다. 그리고 그

골목길에 가파르고 좁은 계단을 올라가면 마치 이상한 나라의 앨리스에서 동굴 속으로 하염없이 떨어지면 있을 법한 잎차의 단정한 문이 나타난다. 잎차if cha라는 센스 있는 네이밍에 두근 거리며 문을 열어본다.

조용하고 단정한 공간. 창밖으로 보이는 붉은색 벽돌과 전신 주마저 이곳의 감성과 잘 어울린다. 몇 개 없는 테이블과 넉넉한 공간이 무엇보다도 마음에 든다. 왠지 모르겠지만 차를 마시러 간다는 것은 그곳에서 준비해준 공간과 시간과 차를 음미하는 것이라는 생각이 든다. 그 역시도 편견일지 모르겠지만, 복작복 작하고 떠들썩한 곳은 어디든 넘쳐나는 요즘이니까. 차 한 잔과 함께하는 시간만큼은 잔잔했으면 하는 것이, 아마도 찻집을 찾 는 사람들의 생각이 아닐까 싶다.

잎차에서 가장 아늑하게 느껴지는 자리는 작은 테이블과 함

께 준비되어 있는 좌식 공간이다. 꼭 그곳에 앉지 않더라도, 바라만 보는 것만으로도 마음이 편안해진달까. 공간과 기물이 미니멀하고 정갈하게 정돈되어 있어 복잡했던 마음도 정리가 되는 듯한 곳이다.

잎차에는 우리나라 장흥에서 만든 홍차와 경남 하동에서 만든 유자차, 그리고 대만의 우롱차들이 준비되어 있다. 그 외에도 밀크티와 말차 빙수, 밀크티 빙수를 포함하여 차를 활용한 디저트와 소다가 함께 구비되어 있는데, 보이차와 보리차를 블렌딩한 보리 보이차가 특히 눈에 띄었다.

군더더기 없이 단정하고 고운 그릇이나 차도구도 이곳을 꼭 닮아 있었다. 예로부터 차를 만들어온 우리나라 남쪽 지역의 차

들을, 이제는 수도권에서도 어렵지 않게 만나볼 수 있는 요즘이 참 좋다. 장흥의 홍차는 예전에도 한 번 마셔본 적이 있었는데, 에나 지금이나 그 맛과 향이 참 깊고 좋다. 해방촌에서 만나는 장흥의 홍차는 내가 좋아하는 이 동네의 향기를 그대로 품고 있는 듯했다.

맛집도, 카페도, 술집도 골목골목 즐비한 해방촌에서 차 한 잔과 함께하는 작은 휴식을 누리고 싶다면 잎차를 추천하고 싶다. 좋아하는 친구와 사랑하는 연인과 서울의 옛 모습을 좋아할 만한 부모님과 함께 와도 참 좋을 공간이다.

잎차

주소 서울 용산구 신흥로 95-21 2층
연락처 0507-1440-2826
영업시간 금~수 12:00~23:00
　　　　　　라스트 오더 22:15
SNS @ifchq

무심헌

꽃이 만개한 봄날의 아름다움은 촉촉한 봄비가 내리며 막을 내린다. 그리고 봄비와 함께, 무척이나 반가운 꽃샘추위가 밀려온다. 겨울이 다시 왔느냐며 찬 공기가 야속할 법도 하지만, 차를 마시기에 이보다 더 좋은 계절은 없다. 여름으로 넘어가기 전 누릴 수 있는 꽃샘추위의 즐거움. 진득한 보이차를 한 잔 마시고 싶어지는 날이다.

오랜 생활 하루도 빠짐없이 차를 마시는 생활을 하다 보니, 차를 마시는 데에도 자연의 흐름을 따르는 지혜가 필요하다는 생각을 종종 하게 된다. 우리나라는 워낙 사계절의 차이가 뚜렷하다 보니 계절마다 찾게 되는 차의 종류가 다른 셈이다. 지금처럼 겨울에서 봄으로 넘어가는 환절기에는 성질이 특히 차가운 녹차보다는 맛이 조금 더 묵직한 차를 찾게 된다.

물론 차는 기본적으로 성질이 차다. 그래서 몸이 찬 편인 나는 여름에도 뜨거운 차를 마시는 편이다. 서양 문물을 빠르게 받아들인 우리나라에서는 아이스티나 아아(아이스 아메리카노의 줄임말)가 인기를 끌고 심지어 '얼죽아(얼어 죽어도 아이스 아메리카노의 줄임말)'가 유행처럼 흘러가고 있지만, 인도나 중국처럼 전통이 오래되고 음양오행이나 아유르베다 같은 고대 의학이 발달한 나라에서는 특히 '찬' 음료에 민감하다.

처음 인도에 갔을 때 김이 다 빠진 듯한 상온의 스프라이트나 상온의 맥주를 내놓는 걸 보고 깜짝 놀랐던 적이 있다. 지금이야 많은 외국인이 시원한 맥주를 찾는 탓에 냉장고를 구비해 두기는 하지만, 인도인들은 여전히 미지근한 맥주를 마시고 미지근한 콜라를 먹는다. 기온이 무려 50도까지 올라가도 뜨거운 차를

마신다. 오랜 세월 지켜온 선조들의 지혜를 따르는 데에는 그 이유가 있다고 믿는 것이다. 그래서 가끔 마시는 차라면야 어떻게 마셔도 크게 무리가 없겠지만, 아이들과 매일 차생활을 하는 나로서는 마치 제철 음식을 찾듯이, 차를 고를 때에도 자연의 흐름에 조금 더 민감하게 오감을 기울인다.

보이차 이야기를 하자면 흑차 이야기를 빼놓을 수가 없다. 우리가 '차'라고 부르는 차나무의 잎으로 만드는 다류는 크게 여섯 가지가 있는데 녹차·백차·황차·홍차·우롱차·흑차가 바로 그것이다. 그중에서 흑차에 속하는 차 중의 하나가 바로 중국하고도 윈난성에서 만들어지는 보이차이다(보이차 외의 흑차로는 광시성의 육보차, 후난성의 천량차 등이 있다). 보이차는 크게 보이 생차와 보이 숙차로 나눌 수 있는데, 많은 사람이 흔히 말하는 커피처럼

진한 색의 보이차는 보이 숙차에 속한다.

악퇴라는 제다 과정을 거쳐 다소 인위적이고 빠르게 미생물에 의한 '발효'가 일어나도록 만드는 차가 바로 보이 숙차이다. 반면에 보이 생차는 흑차의 원료가 되는 차를 말하는데, 찻잎 자체도 보이 숙차처럼 짙지 않고 마치 백차나 녹차와 같은 색을 띄고, 우려낸 찻물색 역시도 커피처럼 진한 색이 아니라 훨씬 더 밝고 맑다. 이렇게 만든 보이 생차는 시간을 들여 10년, 20년, 30년…자연스레 천천히 익혀가며 마시기 위해 만든 차이다.

세상은 넓고 마실 차는 많으니 취향껏 주로 즐기는 차가 있긴 하지만, 가끔 맛있는 윈난성의 차가 생각나면 무심헌을 찾는다. 무심헌의 보이 숙차나 홍차는 기온의 차이가 심하고 찬 공기가

스치는 환절기에 마시면 특히 좋다. 차에 대한 애정이 가득한 부부가 운영하는 무심헌은 질 좋은 보이 숙차나 보이 생차, 그리고 운남성의 프리미엄급 홍차와 백차를 만날 수 있는 곳이다. 좋은 원료를 수급하여 직접 좋은 보이차를 만드는 만큼 언제나 만족스럽다. 프라이빗 티테이스팅 세션에서는 원하는 차를 주문하여 마시면서 궁금한 점도 얼마든지 물어볼 수 있기에, 보이차나 윈난성의 차들에 대해 더 자세히 알고 싶은 이들에게 추천하고 싶다.

빗방울이 떨어지고 꽃샘추위로 바람이 쌀쌀했던 날 다우와 함께 무심헌을 찾았다. 마치 문밖의 시간과 문 안의 시간이 서로 다르게 흘러가는 듯한 무심헌은 그야말로 차의 공간이다. 어느 것 하나 허투루 놓여 있지 않은 듯한 차도구와 기물들, 프레임처럼 그 자리에 놓여 있는 창문과, 창문 밖에서 바람에 이리저리 흔들리는 나뭇잎까지도. 차를 마시고 즐기기에 완벽한 공간이다.

웰컴티로 내어주신, 봄의 향기를 그득히 담은 싱그러운 햇녹차를 한 잔 마시고, 2020년도 무심헌의 기념병인 '용산' 보이 숙차와 야생 고수홍을 골랐다. 전통적인 보이 숙차의 진득함을 싫어하는 분들조차도 즐겁게 마실 수 있을, 맑고 단아한 보이 숙차. 보이 숙차를 즐겨 찾지 않는 나도 무심헌의 보이차는 만날

때마다 즐겁다. 호로록 찻잔을 비워내면, 어느새 차를 우려내어 담아주시는 다정한 손길도 참 좋고 말이다.

16년이라는 세월 동안 어김없이 아침마다 차를 우려 마시고 있지만, 가끔은 이렇게 고수가 우려주는 맛있는 차를 마시고 싶어질 때가 있다. 남이 해준 밥처럼 맛있는 식사가 없듯이, '남타차', 남이 타준 차처럼 맛있는 차가 또 없다. 세상은 넓고 차는 많다. 마시고 또 마시고, 배우고 또 배워도, 다른 이들의 식견과 경험을 담은 한 잔의 차를 몸소 경험하는 것처럼 훌륭한 배움은 없다. 차 한 잔에 겸허해지는 날이다.

차를 마시고 나오는 발걸음에서 몸과 마음이 한층 더 따뜻해짐을 느낀다. 차의 고향, 차의 기원지인 중국 운남성의 차들이 궁금하다면 무심헌을 추천한다. 특별한 미각의 경험을 기대해도 좋다.

무심헌

주소   서울 용산구 한강대로44길 10 1층
연락처   0507-1355-2125
영업시간   목~일 12:00-20:00 월~수 정기휴무
SNS   @wuxinpuer_shop

서울 강남

맥파이앤타이거 신사티룸

차를 배우고 가르치는 일을 오래 하다 보면 차를 차로써 대하기보다, 일로서 대하는 일이 많아지곤 한다. 영상 번역을 할 때도 그랬다. 번역이 즐거워서 시작했지만, 머리를 식히려고 영화 한 편을 보면서도 자막을 분석하고 잘 번역된 문장을 기억하느라 애를 쓴다. 좋아서 시작한 일들이 일로서 이어지면, 그 속에서 균형을 잡는 일이 생각보다 쉽지 않다.

그래서 집에서 차를 마실 때는 티페어링에 까다롭게 신경을 쓰거나 차를 품평하기보다는, 차 그 자체를 즐기려고 하는 편이

다. 날씨와 습도에 상관없이, 내 기분에 따라 마시고 싶은 차를 꺼낸다든지, 그 차에 어울리는 다구보다도 내가 꺼내고 싶은 다구를 꺼낸다든지 하는 방식으로 말이다. 하지만 결국, 차에 대한 지식과 경험치가 쌓여감에 따라 정답은 정해져 있는 경우가 많다. 그래서 차를 주제로 한 재미있는 시도를 좋아한다. 차와 술의 만남이라든지, 세련된 공간과 신토불이 우리 차와의 만남이라든지 그런 것들 말이다.

신사동 골목길 2층에 바 형태로 자리 잡고 있는 찻집 맥파이앤타이거는 세련되고 고급스러운 분위기와 더불어 호작도의 두 주인공인 까치와 호랑이의 찻자리를 그림으로 품고 있어, 동양의 감성이 그대로 묻어나는 고즈넉하고 멋스러운 공간이다. 친

구들과 잔잔한 이야기를 나누며 일상에서 잠시 쉬어갈 수 있는 곳, 혹은 다정한 연인이 도란도란 이야기를 나눌 수 있는 그런 공간으로 추천하고 싶다.

예약제로 운영되어 붐비지 않는 곳에서 프라이빗하게 차를 즐길 수 있는 장점이 있어 차가 주는 여유로움과 공간이 주는 편안함을 고스란히 느낄 수 있다. 중국 운남성에서 만들어지는 백차와 홍차, 보이 숙차와 보이 생차뿐만 아니라 하동의 녹차와 우리나라 홍차라고 생각하면 좋은 잭살차, 카페인이 들어 있지 않은 대용차인 쑥차와 헛개나무열매차, 우엉뿌리차도 만날 수 있다.

맥파이앤타이거의 티 리스트 중에서 가장 흥미로운 부분은

티 베리에이션과 티 칵테일인데, 하동녹차레몬 쉐이큰 티, 운남 자몽홍차 쉐이큰 티, 말차선라이즈, 쑥 말차 아포가토와 같이 차와 또 다른 재료의 재미있는 조합과 말차 맥주와 백차 소주와 같은 재미있는 변주도 만나볼 수 있다는 점이다. 차와 또 다른 재료의 페어링이 주는 오감의 만족을 즐길 수 있다. 특별한 경험을 원한다면 티 베리에이션이나 티 칵테일을 추천하는데, 주문하면 바로 앞에서 만들어주기 때문에 시각적인 즐거움 또한 배가 된다.

티 바에 앉으면 제일 먼저 웰컴티로 하동의 우엉뿌리차를 서빙해 준다. 단순한 우엉차가 이처럼 복합적이고 다양한 맛을 선

사해줄 수 있음이 놀랍다. 늘 집에서 우려 마시는 우엉차와 다른 것은, 차가 다름도 있겠지만 이곳의 공간이 주는 힘이라고 생각한다. 한 잔의 하동 우엉차에서, 하동의 푸릇푸릇한 차밭과 자연이 드리워진 풍경이 떠오른다.

중국 윈난성의 차가 주는 편안함은 맥파이어앤타이거 신사티룸의 분위기와 참 잘 어울린다. '계절의 플레이트'라는 디저트 세트에 곁들이기에도 그만이다. 다양한 재료로 여러 가지 식감과 맛을 경험할 수 있을 뿐만 아니라 차와 어우러지는 페어링까지 만끽할 수 있어 추천하고 싶다. 친구나 연인과 서로 다른 차를 시켜 나누어 마시며 감상을 나누는 풍경이 참 다정하다.

바 중간에 놓여 있는 찻주전자의 바글바글 끓는 소리와 모락모락 김이 올라가는 모양새를 바라보며 차를 홀짝이는 이 시간이 바로 힐링이다. 나 홀로 차를 즐기러 가기에도 더없이 좋고, 차를 한 잔 앞에 두고 친구와 연인과 조근조근 이야기를 나누기에도 더없이 좋다. 하동의 쑥차나 우엉차, 우리나라의 재료들을 조합한 블렌딩차와 같이 우리에게 익숙한 차들 중에서, 좋아하는 쑥차를 하나 골라 들고 티룸을 나선다. 겨우내 참으로 잘 마실 듯하다.

맥파이앤타이거 신사티룸

주소 서울특별시 강남구 논현로153길 44 클레어스서울 2F 맥파이앤타이거 신사티룸

　　　　3호선 신사역 8번 출구에서 653m

연락처 0507-1352-4023

영업시간 수~일 13:00~20:30, 월, 화 정기휴무

홈페이지 magpie-and-tiger.com

SNS @magpie.and.tiger

기타사항 포장, 예약, 무선 인터넷, 주차 불가

티하우스 서하

어버이날을 맞아 엄마와 함께 떠나던 여행길을 여주로 잡았던 가장 큰 이유 중의 하나는 바로 이곳, 티하우스 서하를 찾기 위해서였다. 사진으로 언뜻 보았을 때 꼭 엄마와 같이 가야겠다는 생각이 들었던 이곳은, 시골길 한적한 곳에 널찍하게 자리를 잡고 있는 찻집이다.

도시 밖 시골의 한적함은 도시에서 만나는 한적함과는 전혀 다르다. 탁 트인 시야 밖으로는 그저 자연이 그득히 펼쳐지고, 초록초록한 잔디밭 위에 덩그러니 놓여 있는 테이블 한 개와 의자

는 마치 동양화의 여백의 미를 강조한 듯 여유가 묻어난다. 건물 안팎으로 곳곳에 여유와 자연이 가득해 눈길을 어디로 돌려도 마음이 평온해지는 곳. 두세 송이 활짝 피어 있는 꽃들도, 그 아래 돌로 앙증맞게 새겨놓은 이름도, 모든 것이 한적해서 좋았다.

늘 바쁘게 사느라 시간에 쫓겨 좀처럼 여유를 알지 못하는 엄마는 이번 여행길에는 차가 함께 해서 참 좋다고 하셨다. 액자한 점을 걸어놓은 듯, 통유리창 밖으로 풀과 꽃과 하늘이 담겨있어 하염없이 밖을 바라만 보아도 좋을 듯한 공간. 잠시 차를 주문하는 것을 잊고 그저 멍하니 풍경을 바라보았다.

어느 창밖으로도 온통 초록빛이 가득한 티하우스 서하에서는 무엇을 마셔도 그저 좋을 것만 같았다. 우리나라의 녹차부터

황차, 중국차와 대용차, 밀크티뿐만 아니라 제철 유기농 재료로 만든 청귤에이드와 여주고구마라떼와 같은 정겨운 차들도 메뉴에 올라 있었다. 아기자기한 다식이 담긴 다과상과 따뜻한 차 한 잔, 청귤에이드를 주문했다. 물을 보충해서 몇 번이고 우려 마실수 있도록 뜨거운 물을 가져다주셨는데, 물을 담은 찻주전자도 너무나 곱고 예뻐 감탄이 절로 나왔다.

다식도, 차도 맛이 좋았지만 신선함이 그대로 담겨 있던 청귤에이드는 눈이 반짝 떠지는 맛이었다. 너무 달지도 않고, 청귤의 싱그러움과 청량함이 고스란히 느껴졌고, 청귤에이드가 담긴 옥색의 도자기 컵도 내용물과 꼭 어울렸다. 내가 좋아하는 차라고 했더니 자닮황차를 고른 엄마는 몇 번이나 물을 부어 마시며 오랜만에 작은 여유를 만끽하시는 듯했다.

우리네 삶은 늘 뭐가 그리도 바쁜지. 차 한 잔의 쉼과 여유가

그리도 귀한지. 살랑이는 바람결이 달라지고, 연두빛에서 초록
빛으로 변해가는 자연의 흐름에 잠시 기대어 쉬어가는 이 시간이
참으로 소중하다. 지금 너에게 가장 중요한 것은 무엇인지 잘 생
각해보라며, 나뭇잎을 스쳐 지나가는 바람이 속삭이는 듯하다.

차 한 잔에 마음도, 몸도 한결 가뿐해졌다. 자연 속으로 떠나
는 힐링 여행에 들를 수 있는 최고의 찻집이었던 것 같다. 오가며
꼭 한 번은 더 들르게 될 것 같은 티하우스 서하. 시야가 탁 트여
바람도 시원한 야외 자리에는 반려견도 함께 할 수 있다고 한다.

어느 것 하나 자연스럽지 않았던 곳이 없었던 티하우스 서하
는 자연을 그대로 담아 놓은, 자연 속의 찻집이다.

티하우스 서하

주소　경기 여주시 웅골로 294-3

연락처　0507-1394-3230

영업시간 매일 11:00~21:00 라스트 오더 20:00

SNS　@teahouse_seoha

기타사항　단체석, 주차, 야외석,
　　　　　반려동물 동반(목줄 착용)

경기 이천 **숲속쌍화차**

짝꿍과 둘이 데이트하는 걸 좋아한다. 마시는 건 다 좋아하는 우리 둘 다 가끔 와인이나 위스키, 혹은 소주나 맥주를 한잔하러 저녁 마실을 나가곤 한다. 차를 가르친다고 하면 왠지 고상하고 우아한 이미지가 떠오르는지, 술도 좋아한다고 하면 열이면 열, 전부 깜짝 놀라는 눈치이긴 하지만 마시는 건 결국 다 통한다고 생각한다. 물이든 차든 커피든 술이든 말이다. 다양한 마실거리들, 그러니까 다양한 기호식품이 있기에 삶이 더 다채롭고 재미있는 게 아닐까.

그래서 차를 마실 때도 편식을 하지 않는 편이다. 중국차도, 브랜드 홍차도, 다르질링도, 네팔의 홍차도, 허브차도, 우리나라의 발효차나 대용차도. 모든 차들은 각각의 색깔과 매력이 있어 나의 기분에 따라, 그날의 날씨나 상황에 따라, 골라 마시는 즐거움이 가득하다. 그래서 나의 잔잔한 매일의 일상은 훨씬 더 다채롭게 빛난다.

그래서 난, 가끔 쌍화차를 한잔하러 길을 나서기도 한다. 지방의 전통 찻집을 다닐 때마다 맛보던 기억에 남는 쌍화차들도 많지만, 집에서 가까워 훌쩍 떠나기 좋은 단골 쌍화차 집이다. 잘 보이지 않는 구석의 작은 길을 올라서면 상상도 하지 못했던 공간이 펼쳐진다. 뒤편으로는 푸르른 숲이 가득한, 이름 그대로 숲속쌍화차 찻집이다.

숲속쌍화차는 이름처럼 숲속에 자리를 잡고 있는 찻집이다. 해병대 출신의 주인분께서는 바이크 마니아셨다고 한다. 카페 앞쪽에는 미니 사이즈의 다양한 바이크들이 전시되어 있고 카페 안쪽에도 범상치 않은 바이크가 전시되어 있다. 해외에서 직

접 주문 제작해서 들고 오셨다는, 나무로 만든 바이크들도 곳곳에 놓여 있어 차를 기다리는 동안 구경하기 좋다. 세상에는 얼마나 다양한 취미와 취향이 존재하는지. 다른 사람의 취미를 슬쩍 엿보는 즐거움까지 있는 곳이다. 쌍화차와는 전혀 매치가 될 것 같지 않았던 오토바이가 볼수록 이 공간과 잘 어울린다.

쌍화차와 쌍화탕은 같은 의미처럼 사용되기도 하지만 쌍화차는 조금 더 편안하게 즐길 수 있도록 식품용 한약재를 사용하는 반면, 쌍화탕은 의약품용 한약재를 사용하기 때문에 한약으로 분류된다고 생각하면 된다. 쌍화탕은 백작약, 숙지황, 황기, 당귀, 천궁, 계피 등의 약재를 달여 만든 탕으로 사물탕과 황기건중탕을 조합한 동의보감에 나오는 처방으로 피로 회복이나 기력 회복에 좋은 대표적인 보약이다. 집에서 쉽게 끓여 마시게 되지 않는 차인 만큼 남의 손을 빌어 보약 한 사발을 마시는 셈

으로 즐겨 찾는다.

쌍화차와 계란동동 쌍화차, 아이스홍시 쌍화차가 이곳의 대표 메뉴이다. 100% 국산 대추로만 달인 대추고와 단호박이 진해서 자연의 단맛이 일품인 단호박 식혜도 추천한다. 모든 음료에는 가래떡과 도라지 조청이 함께 곁들여 나온다. 전통찻집을 좋아하는 건 이런 낙낙한 마음 때문이기도 하고, 찾을 때마다 곁들여 나오는 가래떡과 조청의 맛을 비교하는 재미가 쏠쏠하기 때문이기도 하다.

울창한 숲속에서 마시는 쌍화차 한 잔에 몸도 마음도 기력을 회복하는 듯하다. 피로회복엔 짧은 숲속 나들이와 쌍화차 한 잔이 최고라는 나의 말에 신랑도 고개를 끄덕인다. 쌍화차 한 잔이 생각나는 날이다.

숲속쌍화차

주소 경기 이천시 부발읍 무촌로 80-18 숲속쌍화차
연락처 031-631-5577
영업시간 월~토 11:00~21:00 일 정기휴무
SNS @ssanghwa_forest
기타사항 주차, 포장, 예약, 무선 인터넷

인천

차덕분

가끔 탁 트인 바다 풍경이 보고 싶거나 조개구이, 혹은 대하구이를 먹고 싶을 때면 서해로 떠나곤 한다. 파란 하늘과 맑은 바다가 반겨주는 동해도 좋고, 청정지역처럼 깨끗하고 한적한 남해도 좋지만, 복작이는 어시장과 사람 사는 냄새가 나고 먹거리가 풍부한 서해도 한 번씩 생각나곤 한다.

영종도에서 만날 수 있는 차덕분은 바다 냄새가 가득한 어시장 8층에 자리를 잡고 있어 수도권에서 쉽게 바다 풍경을 감상하며 차 한잔하기 좋은 찻집이다. 전통차와 우리차, 중국차 등

다양한 차종은 물론이고 차에 곁들이기 좋은 다식도 다양하게 구비되어 있어 찻자리 한 상을 대접받는 기분으로 즐기고 싶다면 특히 더 추천한다.

넓찍한 공간 구석구석, 다양한 차도구를 구경하는 재미가 있다. 다다미처럼 높은 자리에는 찻상들이 놓여 있는데, 탁 트인 바다 전경을 감상하며 차를 마실 수 있다. 안쪽 다실 '무언'은 무게감 있고 멋스럽게 공간이 꾸며져 있는데, 시즌에는 예약을 하고 티코스를 진행할 수 있다고 한다. 비시즌 기간에는 한층 조용하고 고즈넉하게 들어가 앉아서 차를 마실 수 있다. 다실에는 익숙한 작가님들의 기물이 전시되어 있어 무척 반가웠다.

차덕분의 차는 다 맛있지만, 경주 감산다향에서 홍차와 무이

암차의 제다법으로 만들었다는 홍암차는 다식들과의 조합이 하나같이 다 잘 어울린다. 무이암차는 중국 푸젠성 무이산 지역에서 만들어지는 청차, 즉 우롱차를 뜻하는데, 홍차와 우롱차의 느낌을 살려 만든 특별한 우리나라의 차를 만나보고 싶다면 추천하고 싶다. 감산다향의 홍암차는 여린 싹과 잎으로 만든 녹차와는 차나무의 품종도 다를 뿐만 아니라 큼직하게 자라난 찻잎을 일부러 이용하여 만든 만큼 맛도 진하고 향도 풍성하다. 녹차와 발효차만 주로 만들던 우리나라에서 이처럼 다양한 다류가 만들어지고 있다는 점은 참으로 기대되는 일이 아닐 수 없다.

꽃의 비단이라고 불리울 만큼 색도 곱고 약효가 좋다는 당아욱꽃차와 깔라만시의 만남이나 베르가못 향이 그득한 얼그레이

와 수제 청귤의 만남도 신선했다. 우리나라와 서양의 재료를 재미있게 조합한 차덕분의 차들은 조합도 재미있지만 색깔과 맛 또한 뛰어나서 오감으로 즐길 수 있는 차들이었다. 더운 날에는 호지차 실타래 빙수도 꼭 추천하고 싶다.

이곳은 다식을 따로 구입할 수도 있지만, 차를 주문하면 예쁜 쟁반 위에 차와 다과와 앙증맞은 화병을 함께 담아서 내준다. 차에 대한 설명도 조곤조곤 해주고, 맛있게 우려 마시는 방법까지 알려주기에 차를 모르는 사람들도 한층 더 즐겁게 차를 즐길 수 있다.

연인이나 친구, 부부끼리, 혹은 아이들과 함께 가족끼리 온

손님들도 있었고 부모님을 모시고 오는 손님들도 있었다. 차를
아는 사람도, 전혀 모르는 사람도, 찻집의 분위기와 더불어 여러
가지 차를 편견 없이 즐길 수 있는 이 공간이 참으로 마음에 들
었다. 차가 널리 퍼지려면, 차 문화가 널리 퍼지려면, 차를 좋아

하고 아는 사람들뿐만 아니라 너도, 나도, 우리 모두 함께 즐길 수 있는 공간들이 점점 더 많아져야 한다고 생각한다.

이날 나의 다우가 되어주었던, 차를 잘 모르고 주는 대로 마시기만 하는 신랑도 찻집의 분위기나 차를 담아내는 모양새가 썩 마음에 들었는지 더 앉아 있다가 천천히 가자고 했다. 나의 삶이, 우리 가족의 삶이 한층 더 풍요로울 수 있었던 건 전부 다 차 덕분이다. 이곳을 찾는 이들도 차덕분에 한층 더 행복한 일상을 누리길 바라본다.

차덕분

주소 인천 중구 은하수로 12 뱃터프라자 8층
802호
연락처 0507-1385-2486
영업시간 월~금 9:30~20:00
토~일 9:30~21:00
SNS @thanks_to_tea

2장

경상도

바이트사이트

차를 하다 보면 자연스레 차와 음식의 페어링에 관심을 갖게 된다. 페어링, 그러니까 프랑스어로 하면 '마리아쥬mariage', 한국어로 하면 '궁합'이라고 할 수도 있는 이 단어는 단순히 차와 음식에 국한된 것이 아니라 여러 가지 형태로 해석될 수 있다고 생각한다. 차와 개인의 체질과의 궁합, 차와 테이블 세팅과의 페어링, 차와 와인의 마리아쥬, 차와 위스키의 페어링 등 페어링의 확장은 무궁무진하다.

그중에서 내가 생각하는 페어링의 본질에 가장 근접하고, 가장 진실했던 만남은 바로 바이트사이트에서의 경험이었다. 좋아하는 선생님께서 추천해주신 덕분에 무작정 달려갔던 그곳에서의 시간은 정말 신선했고, 오감을 깨워주는 경험이었다. 함께 갔던 다우도 차와 그 페어링에 많은 경험이 있는 친구였는데, 이처럼 멋진 페어링은 처음이었다고 해서 무척 뿌듯했다.

내가 바이트사이트를 찾았던 그때는 봄과 여름의 사이, 우리나라에서 햇차가 나오던 시즌이라, 이날의 주제는 '하동 차향미'였다. 이미 하동에서 다양한 햇차들을 만나보고 온 뒤였지만, 차는 언제나 그렇듯 우려주는 사람과 마시는 공간에 따라 또 다른 풍미를 선보이는 매력이 있기에.

이날의 페어링은 무애산방의 우전과 우전 오히타시, 제피 오차즈케 그리고 백학제다 만송포와 지리산 검정밀 사워도우에 고다 치즈, 만수가 만든 차 고뿔차에 버터 스콘 크럼블과 파인애플 콤포트, 유기 축산 요거트의 만남이었다.

하동에는 정식으로 등록된 다원만 200여 개가 넘기에, 각 다원별로 햇차를 맛보는 즐거움도 쏠쏠하다. 우리나라에서는 찻잎을 딴 시기에 따라 우전, 세작, 중작, 대작이라고 부르는데, 24절기 중에 곡우를 전후하여 딴 찻잎으로 만든 차를 '우전'이라고 하며, 그해에 가장 처음으로 만들어진 차인 만큼 귀하고 여린 차를 뜻한다. 백학제다의 만송포는, 무이암차로 유명한 중국 무이산

에서 만들어지는 대홍포에서 영감을 받아 만든 우리나라의 차로 시간을 두고 익혀 마셔도 좋은 차이다. 고뿔차는 우리나라에서 발효차라고 부르는 홍차를 뜻하는데 만수가 만든 차의 발효차는 오래 전부터 감기에 좋다고 해서 고뿔차라고 부른다.

우전을 충분히 우려 마신 후에 우려낸 찻잎을 나물처럼 무쳐서 만든 오히타시와, 경상도에서는 흔하다고 하는데 서울이 고

향인 나와 다우는 생전 처음 맛보는 제피로 만든 주먹밥에 우전을 우려낸 물을 부어 오차즈케로 즐겼다. 늘 마시던 우전이지만 새로운 재료와의 신선한 조합은 입안에서 불꽃놀이가 터지는 듯 환상적인 페어링이었다.

늘 마시던 백학제다의 만송포도 마찬가지였다. 꼭꼭 씹어먹으면 더욱 구수하고 단맛이 도는 검정밀 사워도우에 감칠맛 넘치는 고다치즈와의 페어링은 차의 맛을 한층 살려주었다. 버터와 요거트, 파인애플 콤포트의 만남은 그 자체만으로도 훌륭했

지만 만수가 만든 차의 고뿔차와 함께 했더니 풍미가 더욱 도드라져 감탄을 연발할 수밖에 없었다.

멀리서 왔다는 이야기에 넉넉하게 내어주신 빵과 방울토마토 마리네이드까지. 차향미라는 이름에서처럼 입안에서 어우러지는 맛과 향의 페어링을 얼마나 고심했는지 고스란히 느껴지는 시간이었다. 차와 음식뿐만 아니라, 함께 내어주시는 다기와 그릇 하나, 하나에도 애정이 묻어나 감상하는 즐거움이 배로 더해졌다.

바이트사이트를 만들어가는 두 분의 차와, 음식에 대한 진심과 정성이 느껴져 머무는 내내 무척 행복했던 시간. 입안 가득 맛있는 미소가 가득하고, 배도 부르고, 마음도 따스했던 날이다.

바이트사이트

주소 부산 금정구 수림로61번길 60 1층

연락처 0507-1496-0852

영업시간 매일 예약제 운영 9:00~22:00

　　　　어느 날, 어떤 차 프로그램(예약 필수)

　　　　9:00~22:00

SNS @bite.site

꼬까자

봄과 가을, 두 번의 만남을 가졌던 '꼬까자'는 부산 전포동 카페 거리에 위치하고 있는 아담하고 아늑한 화과자 찻집이다. 감히 깨물어 먹기 아까울 만큼 앙증맞고 귀여운 화과자는 봄·여름·가을·겨울 계절별로 서로 다른 종류로 준비되어 계절이 바뀔 때면 왠지 이곳이 생각난다.

화과자는 일본식 과자를 뜻한다. 하지만 꼬까자의 화과자에 들어가는 앙금은 전부 국내산 찹쌀과 멥쌀을 이용해서 만들고, 양갱을 제외한 모든 화과자는 식물성 재료로 만들어진 비건 메뉴이기도 하다. 자연식을 공부하다 보면 '신토불이'라는 말을 심심찮게 듣게 되는데, 우리나라에서 나고 자란 사람들은 우리 땅에서 난 것을 먹었을 때 가장 편안하고 자연스럽게 받아들인다는 것이다.

고지식한 이야기로 치부될 수도 있겠지만, 차를 우릴 때에도, 우리나라 차들은 우리나라의 흙으로 만든 차도구를 사용했을 때 가장 맛있게 우려지는 것을 보면 틀린 말은 아닌 듯하다. 더불어 환경 보호를 위해 가장 쉽게 행할 수 있는 것 중의 하나가 바로 우리 땅에서 만든 제품을 사용하고 소비하는 것인데, 이는 비행기나 배로 오갈 때 생기는 탄소의 배출을 줄이는 데 크게 일조할 수 있기 때문이다. 그래서 와인을 참 좋아하지만, 와인 대신 막걸리를 선택하곤 하는 작은 노력으로나마 지구가열화(온난

화에서 한 단계 높아져서 이제는 가열화라고 부른다)를 조금이나마 늦춰 보고자 한다.

꼬까자에서는 화과자뿐만 아니라 고운 이름의 다섯 가지 차를 만나볼 수 있다. 꼬까자의 차는 색과 향, 그리고 맛까지 즐길 수 있도록 블렌딩되어 있는데, 다른 곳 어디에서도 만나볼 수 없는 특별한 차인 만큼 함께 곁들여보길 권한다.

우롱차에 리치향이 더해진 '꼬까자티'는 화과자와 함께 곁들여도 좋지만, 설탕과 함께 진하게 우려내어 빙수처럼 갈아서 나오는 '꼬까자 밀크티'로 마시면 더운 여름에 그만이다. 시원하고 달콤한 민트색의 얼음산은 보는 것만으로도 더위가 가신다. 바다처럼 푸른색을 띠고 있는 '바다보다'는 디카페인 티인데, 마실수록 보랏빛 수색으로 변하는 모습을 감상하는 즐거움이 더해진다. '로즈 패션프룻 에이드'는 패션후르츠와 장미시럽이 만나

고급스러운 달콤함을 선사해 주고, 보라색의 수색이 매혹적인 '꽃잎을 보라'는 고지베리와 장미향이 잘 어우러진 차이다.

　자개장 뒤로 숨겨진 작은 공간에서 고운 빛깔의 화과자와 차한 잔과 함께 하는 비밀스런 만남은 이상한 나라의 앨리스가 토끼를 따라 들어갔던 굴속에서 모자 장수와 함께 하던 티파티를 떠올리게 하는 시간이다. 결코 끝나지 않는 즐거움, 꼬까자에서의 작은 티타임은 계절이 바뀔 때마다 새롭게 시작된다.

꼬까자

주소 부산 부산진구 전포대로186번길 23 1층
연락처 0507-1356-6536
영업시간 화~일 12:00~20:00 월 정기휴무
SNS @kokaja_busan
기타사항 반려동물 동반, 화과자 소진시 매장 마감

비비비당

자연만큼 우리를 품어주는 것은 없는 듯하다. 바라보고 있는 것만으로도 큰 위로와 힐링이 되곤 하는 자연. 자연에 가까운 삶을 살고자 노력하는 가장 큰 이유는, 우리 역시 자연에서 시작되어 자연으로 끝나는 존재이기 때문이다. 그래서 그런지 가끔 드높은 산이나, 탁 트인 바닷가 풍경을 하염없이 바라보고 싶을 때가 있다. 도시에 살다 보면 먼 산을 바라보는 일은 그리 어렵지 않지만 바다를 찾기란 그리 쉽지 않은 일이다.

오래전 처음으로 지방 생활을 했던 곳이 바로 부산이었는데,

바다를 곁에 둔 도시의 장점을 마음껏 누렸던 기억이 아직도 또렷하다. 원하기만 하면 언제든 바닷가를 산책하고, 바닷바람과 바다 내음을 만끽할 수 있는 것은 부산에서 살면서 누릴 수 있는 최고의 사치였다. 그중에서도 이른 아침 이름도 예쁜 달맞이 고개를 걸어 올라가다 땀방울이 뚝뚝 떨어질 때쯤 눈 앞에 펼쳐지는 바다 풍경과 땀을 식혀주던 시원한 바닷바람은 지금도 생생하게 기억하는 소중한 추억이다.

그런 달맞이 고개에 위치하고 있는 비비비당은 부산 바다 풍경을 제대로 즐기고 싶으신 분들께 추천하고 싶은 찻집이다. 그 어떤 말로도 표현할 수 없는 푸르른 바다색이 눈 앞에 펼쳐지는 그 아름다운 풍경을 만끽할 수 있는 창가의 좌석은 한없이 앉아만 있어도 좋다.

골동 가구들과 소품들이 그득한 비비비당은 빈티지하고 고즈넉한 분위기에 다양한 전통 차와 다식이 준비되어 있는 전통 찻집이다. 특히 유명한 호박빙수는 테이블마다 하나씩 놓여 있을 만큼 인기가 좋다. 단호박 빙수와 단호박 식혜, 계절 꽃차와 모둠 다식으로 구성된 연인 찻상도, 연인이 아닌 친구들 사이에서도 종종 주문하는 메뉴이다. 그 외에도 우리나라의 녹차나 황차, 각종 대용차들이 준비되어 있고 비트, 생강, 우엉, 도라지, 황정이 들어간 바알간 색감의 오감차도 추천한다. 목이 칼칼하거나 피곤할 때는 진하게 고아낸 생강차도 추천하는데, 길고 좁은 머그에 멋스럽게 담아주어 한층 더 입맛이 돋다.

차를 주문하면 간단하게 다식을 한두 가지 담아주는데, 다식의 색깔 또한 곱고 맛 또한 일품이다. 재미있게도 아이들을 위한 찻상이 따로 있는데, 곤약젤리가 특별히 준비되는 세심함이 따스하다. 진한 단팥죽도 가벼운 간식이나 식사 대용으로 좋고, 다양한 차와 다식이 준비되어 있는 만큼 천천히 여유롭게 바다 풍

경을 감상하기에 좋다.

차와 다식도 만족스럽지만 비비비당에서는 무엇보다도 바다 풍경이 일품이다. 넓은 통창의 창문을 통해 파도치는 소리와 바닷바람이 들리는 듯하다. 차 한 잔을 벗 삼아 유유자적 바다 풍경을 감상하고 싶을 때는 이곳을 추천한다. 누군가와 함께여도 좋지만 혼자 와서 앉아도 좋을 자리들이 넉넉하게 마련되어 있다.

비비비당

주소 부산 해운대구 달맞이길 239-16
연락처 051-746-0705
영업시간 화~일 10:30~22:00 월 정기휴무
SNS bibibidang.com
기타사항 주차, 예약

백비티라운지

통도사 근처 한송예술촌에 자리를 잡고 있는 백비티라운지는 한 번 발을 딛으면 헤어 나오기 힘든 공간이다. 차를 사랑하는 마음과 차와 함께 해온 생활이 그대로 묻어나 있는 공간. 자그마치 15년이란 세월이 이곳에 담겨 있다.

계단을 올라서면 아담하지만 잘 가꾸어진 정원이 우리를 반겨준다. 사계절 내내 서로 다른 꽃이 피어나 서로 다른 아름다움을 뽐내곤 한다는 이곳의 작은 뒷동산에는 놀랍게도 차나무들이 자리를 잡고 있다. 이곳에서 만들어지는 차는 워낙에 소량이라 백비티라운지에서 고스란히 소비된다고 하는데, 내년에 햇차가 나올 즈음에 꼭 다시 이곳을 찾고 싶은 이유가 되어주었다.

창밖으로 펼쳐지는 녹음은 언제 보아도 마음이 편안해진다. 키가 큰 나무들의 잎사귀가 바람이 스쳐 지나갈 때마다 우리에게 손을 흔드는 듯 살랑거렸다. 흐뭇한 눈길로 창밖을 바라보다가 고개를 돌리고는 문득, 놀라고 말았다. 통유리창으로 가득한 한쪽 벽면을 자연이 가득 채우고 있다면, 다른 한 쪽에는 눈을 뗄 수 없을 만큼 다양하고 화려한 차도구들이 가득했던 것이다.

덴마크의 황실 도자기인 로얄 코펜하겐, 지금은 임페리얼 포슬린으로 이름이 바뀐 러시아 황실 도자기 로모노소프와 같은 서양의 도자기부터 자사호, 개완, 다관, 찻사발 등 한·중·일의

차도구들까지. 눈을 뗄 수 없을 만큼 다양한 컬렉션이 안쪽으로 끝없이 이어졌다. 한 층 아래에는 좌식으로 단정하게 준비되어 있는 한국의 전통 다실도 마련되어 있었다.

　백비티라운지에는 홍차, 청차, 백차, 말차가 준비되어 있는데 중국차나 우리차뿐만 아니라 다즐링의 첫물차와 두물차도 만나 볼 수 있었다. 인도 히말라야 산맥 등지에 자리를 잡고 있는 다 즐링에서 그해의 처음으로 채엽하여 만드는 봄차를 '첫물차', 여 름차를 '두물차'라고 하는데, 같은 다즐링이지만 그 시기에 따라 맛과 향이 달라지기에 비교하며 마셔볼 만하다. 애프터눈티 세 트는 미리 예약을 하면 즐길 수 있다고 한다.

여행 중이었던 나는 여독을 풀기 위해 말차를 주문했는데, 제 주도 말차라고 한다. 말차는 녹차의 한 종류인데, 찻잎을 우려서 마시는 녹차와 달리 찻잎을 전부 갈아서 뜨거운 물에 거품을 내 서 마시는 차라고 생각하면 된다. 물에 우러나는 수용성 성분만 을 섭취할 수 있는 일반 녹차와 달리, 지용성 성분까지 모두 섭 취할 수 있는 말차는 영양학적으로 보았을 때 가장 우수한 차이

다. 찻잎을 모두 갈아서 마시는 만큼 쌉쌀한 맛을 줄이고 조금 더 부드러운 맛을 내기 위해 차광재배와 같은 방법을 사용하기 도 한다.

곱게 격불이 되어 나온 말차 한 사발은 쌉쌀하지만 목넘김 이 보드랍고 향긋했다. 우리나라보다 더 오랜 기간 말차를 꾸준 히 만들어온 일본과 당장 비교할 수는 없겠지만, 우리나라에서 도 질 좋은 말차를 만들기 위한 노력을 끊임없이 기울이고 있기 에 앞으로의 행보가 더욱 기대된다. 들풀로 예쁘게 장식되어 함 께 나온 티푸드와 디저트 포크까지도 예사롭지 않은 백비티하 우스. 사계절 모두 아름다운 풍경이 맞아 주겠지만, 차나무에 새 순이 봉긋 피어나는 봄이 되면 꼭 다시 찾고 싶은 곳이다.

백비티라운지

주소 경남 양산시 하북면 예인길 136

연락처 0507-1348-7679

영업시간 1인 티 체험 13:00~19:00(18:00 마감)
애프터눈티 코스 10:00~18:00

SNS bbtea.co.kr

기타사항 단체석, 주차

울산

고고당 티하우스

20대의 끝자락, 아직 어리고 풋풋했던 새댁이자 임산부였던 나는 신랑의 일 때문에 가족들과 친구들, 태어나고 자란 서울을 뒤로 하고 부산에서 아이를 낳고 키운 적이 있었다. 1년 반 정도로, 짧다면 짧고 길다면 길었던 그 시간을 즐겁게 추억할 수 있는 이유 중의 하나는, 당시에 아직 총각이었던 신랑의 친구들 덕분이었다. 서울말을 쓰는 배가 불룩한 친구의 아내, 그리고 갓 태어난 아기는 20대의 총각들에게는 참으로 낯설고 쉽지 않은 존재였으리라. 어디를 가도 나를 배려해 주고, 맛집 중의 맛

집만 데려가며, 최고의 대접을 해주던 순수했던 그들이 있었기에, 낯선 부산에서의 생활은 나에게 또 다른 행복한 추억이 되어주었다.

그 총각들 중에, 당시에 연애를 시작해서 지금은 한 아이의 아빠가 되어 있는 신랑과 나의 친구가 살고 있는 울산은, 1년에

한 번은 꼭 찾는 도시가 되었다. 올여름에도 어김없이 가족 여행으로 울산을 들렀고, 여자들끼리 바람을 쐬러 다녀오겠다며 날 좋은 이른 아침, 울산 외곽에 자리를 잡고 있는 고고당 티하우스를 찾았다.

  울산에 사는 자기도 모르는 이런 보물 같은 곳을 어떻게 알았냐며 함께 간 친구의 아내가 놀란다. 수도권 외곽에서 한창 인기를 끌던 그야말로 논밭 풍경을 자랑하는 '뷰 맛집'이 다름 아닌 이곳이었다. 그야말로 끝없이 펼쳐지는, 초록빛으로 일렁이는 논과 밭, 그리고 운무가 그득히 피어난 산골짜기, 그런 풍경을 마음껏 감상할 수 있도록 야외의 자리도 마련되어 있었고, 실내 역시 통창으로 되어 있어 차 한 잔 곁들이며 눈으로 자연 속을 거닐 수 있었다.

과하지 않으면서 창밖 풍경과 잘 어우러지도록 세심하게 신경 쓴 흔적들이 보이는 소품들도 예사로운 것이 하나 없었다. 좋아하는 작가님들의 기물도 이곳에서 만나니 또 얼마나 반갑던지. 차를 잘 모르는 다우가 맛과 향을 비교해볼 수 있도록, 서로 다른 두 가지 우롱차를 주문했다.

이날의 쨍한 날씨와 잘 어울리던 문산포종은 대만 우롱차의 한 종류인데 우롱차 중에서 산화도가 가장 낮다 보니, 찻잎 색도 찻물 색도 녹차처럼 푸릇푸릇하다. 이와 달리 대홍포는 중국 우롱차의 한 종류인데 산화도가 제법 높아 찻잎 색도 검은색이고 찻물 색도 훨씬 짙은 색을 띤다. 같은 우롱차의 범주에 들어간다고 해도 지역이나 품종, 산화도에 따라 서로 다른 풍미를 선보이기에 우롱차는 특히 다양하게 즐길 수 있다. 푸릇푸릇 초록빛의 돌돌 말린 우롱차도, 거므스름하고 용처럼 구불구불하다 해서 '오룡차'라는 이름이 붙은 우롱차도, 전부 청차 혹은 우롱차라는 이름으로 불리지만 생김새도, 맛도, 향기도 천차만별이다.

차를 우리는 방법도 친절하게 설명해주시고 함께 주문한 다식도 예쁘게 담아주셨다. 물은 원하는 만큼 새로 담아주시기에 천천히 앉아 차를 우려 마시기에도 더없이 좋았다. 산과 들 풍경을 바라보며 마시는 차는 그 어떤 차보다도 맛이 좋다. 차는 잘 모르지만, 이런 풍경을 보며 마시는 차가 마음의 짐을 내려놓고, 여유를 찾아주는 데에는 효과가 있는 것 같다며, 다우 역시 찬찬히 잔을 비워낸다.

아이들을 위한 애플주스와 차가 아닌 커피도 준비되어 있는 고고당 티하우스는 눈 앞에 펼쳐지는 드넓은 자연 풍경처럼 모두를 포근히 품어 안아주는 그런 공간이다. 매년 울산을 찾아야 하는 이유가 한 가지 더 늘어났다.

107

고고당 티하우스

주소 울산 울주군 상북면 능산길 43-1 1층

연락처 052-264-5388

영업시간 월~금 11:00~18:00

토~일 11:00~19:00

SNS @gogodangtea

설은재

"서당개 3년이면 풍월을 읊는다"라고, 이제 차를 함께 마시기에 제법 괜찮은 다우가 되어준 신랑과 함께 여행길에 차를 한 잔 하러 들렀다. '남촌댁 티룸, 빛으로 하나되어 둥근 깨달음의 하늘로 날아가리'라고 적힌 입구에서부터 평범하지 않았던 '설은재'. 바람에 흔들리는 풍경 소리와 고즈넉한 한옥 건물, 낮은 돌담 아래로 펼쳐지는 기와집 풍경이 참 좋았다.

경주는 문화재보호법으로 높은 건물을 지을 수 없기에 어딜 가도 사방이 탁 트여 있다. 15년 전쯤 신랑과 경주를 찾았을 때,

나이가 들거든 꼭 경주에 와서 살자고 이야기했을 만큼 우리는 경주라는 도시를 좋아한다. 이번에 설은재를 만나면서 경주가 좋은 이유가 하나 더 생겼다.

설은재에는 여러 가지 중국차와 우리나라의 차뿐만 아니라 말차와 대용차를 포함하여 다양한 차가 준비되어 있다. '단순 찻자리'는 미리 예약을 해야 하는데, 손수 정성껏 마련하신 채소 도시락에 차 한 잔과 말차를 곁들이는 티코스이다. 프라이빗한 다실에서 즐길 수 있어 더욱 특별하다.

평일 아침 이른 시간에 방문했던 터라, 우리 역시 조용히 프라이빗한 시간을 보낼 수 있었다. 나는 경주 청암차를, 신랑은 향이 참 좋았던 계화오룡을 주문했다. 계화꽃은 영어로는 오스만투스라고 하는데, 중국에서는 술로 담가 계화주로 마시기도 하고, 차로 마시기도 한다. 그런 계화꽃과 우롱차를 블렌딩한 것이 바로 계화오룡으로, 화사한 계화꽃의 향기가 우롱차와 어우러져 참으로 매력적이다. 경주의 청암차는 처음 맛보는 차였는데, 감산다향이라는 다원에서 만들어진 차로 그 풍미가 무척이나 인상 깊었다. 우리나라에서도 지역별로 곳곳에서 서로 다른 차가 만들어지고 있는데, 찻집을 다니며 새로운 차를 맛보는 즐

거움이 쏠쏠하다.

설은재에서는 차에 곁들이기 좋은 수제 다식들을 선보이는데, 궁중다식을 특히 추천하고 싶다. 곶감을 예쁘게 썰어 잣을 얹은 '곶감 다식', 밤을 다져 만든 '율란', 대추를 다져 만든 '조란', 송화 다식과 비트로 색을 곱게 넣은 다식, 솔잎에 꽂은 화분까지, 정성껏 직접 만든 다식에 정원에서 꺾은 듯한 꽃 한 송이와 나뭇가지 장식까지, 참으로 고왔다. 잣 하나, 하나를 솔잎에 꽂아 붉은 실로 엮은 다식은 화합을 뜻한다고 하여 찻자리가 더욱 다정해졌다.

본채 뒤쪽에 있는 해우소로 가는 길에 만난 부뚜막과 솥, 낮은 돌담과 기왓장까지도 운치 있는 공간 설은재. 공간 곳곳을 채우고 있는 손뜨개와 바느질 장식, 물을 끓이는 전기 포트의 손잡이까지도 직접 만든 싸개로 고이 둘러둔 정성에, 이곳에 머무는 내내 마음이 참으로 편안하고 따뜻했다.

근처에서 공사를 하는 바람에 차를 아래쪽에 세워두고 걸어 올라왔는데, 올라오는 길에 만난 들꽃과, 내려가는 길에 만난 산들바람까지도 설은재의 향기를 담고 있는 듯해서 더욱 기억에 남았던 곳. 신랑과 손을 꼬옥 붙잡고 걸어 내려오며, 차와 함께 곁들인 화합의 다식이 효과가 있었던 것 같다고, 둘이서 마주보고 씨익 웃어보였다.

설은재

주소 경북 경주시 보문마을5길 33
연락처 0507-1406-0089
영업시간 화~금 11:00~19:00, 월 정기휴무
SNS @seol.eun.jae
기타사항 주차, 단순찻자리(차 도시락)는 예약

대구

오퐁드부아 티하우스

'깊은 숲속에au fond du bois'라는 이름처럼 숲속 한가운데에 자리를 잡고 있는 오퐁드부아는 찻집과 카페, 다이닝룸까지 각각 다른 건물로 운영되고 있는 규모가 제법 큰 공간이다. 실내, 실외, 그리고 피크닉 세트를 예약하면 즐길 수 있는 냇가 쪽 평상까지. 그야말로 자연 속에서 힐링을 만끽할 수 있는 찻집. 바람이 불면 사르르, 흔들리는 소리가 매력적인 대나무 숲을 하염없이 바라보며, 녹음과, 맑은 공기와, 자연의 소리를 벗 삼아 힐링할 수 있는 깊은 숲속의 찻집이다.

차를 주문하면 손쉽게 사용할 수 있는 차도구와 더불어 차를 우려 마시는 방법을 친절하게 설명해주기에, 찻자리와 차도구에 익숙하지 않은 사람들도 쉽고 맛있게 차를 우려 마실 수 있다. 이

날은 다우와 함께 중국 윈난성에서 만들어지는 '월광백'과 같은
지역의 야생 홍차를 주문했는데, 재미있게도 월광백에 장미꽃을
추가할 수 있는 옵션이 있었다. 장미꽃이나 캐모마일, 재스민 등
화사하고 향긋한 꽃향기와 잘 어울리는 차들이 있는데, 이곳에서
제안하는 월광백과 장미꽃의 조합도 제법 마음에 들었다.

월광백은 달빛에 말렸다고 하여 붙은 이름이라는 낭만적인
설이 있는 차로, 생김새나 모양새 때문에 백차로 알려져 있지만
사실 특수한 차 종류로 분류가 되는 차이다. 이름 때문에 베토벤
의 '월광 소나타'가 생각이 나는 월광백은, 설이 사실이든 아니든
낭만적인 이름을 가진 차인 것은 틀림이 없다.

야생 홍차는 물을 식혀 우려야 훨씬 더 맛있다는 이야기에,
차를 처음 우려보는 다우는 조심스레 물을 식혀서 차를 우리고

는 자기도 제법 차를 잘 우리는 것 같다며 해맑게 웃어 보였다. 숲속이라는 공간이 주는 힘도 있었지만, 다우가 우린 차는 참말로 맛이 좋았다.

주말이라 사람들이 꽤 많이 있었음에도, 장소가 넓고 야외 장소가 넉넉하다 보니 여유롭고 한적했다. 여름이었지만 습기를 머금은 공기와 시원한 산바람 덕분에 차를 마시기에 더없이 좋은 날이었다. 꼭 '다식'이 아니라, 식사빵이나 휘낭시에와 같은 익숙한 티푸드도 중국차와 잘 어울릴 줄 몰랐다는 다우의 이야기를 들으며, '차를 처음 접하거나 익숙하지 않은 사람들에게 차라는 존재는 여전히 다소 어렵고 접근하기 힘든 존재구나' 하는 생각이 들었다. 숲속에 앉아 알려주는 대로 차를 우려 마시다 보니 나도 차를 한 번 배워볼까 하는 생각이 든다며, 다우는 조용

히 차를 식히고, 우리고, 따르고를 반복했다. 이렇게 반복하는 시간이 참 좋다며, 내가 왜 차를 마시며 힐링이라는 말을 하는지 알 것 같다고 했다.

차를 가르치는 일을 해온 지 10년이 훌쩍 넘어가다 보니, 초심을 되돌아보는 일이 잦아졌다. 차를 진지하게 시작하던 15년 전 그때의 마음가짐과 태도를 기억하려 하지 않으면, 나도 모르게 지금에만 머물게 되는 것이다. 차를 잘 모르는 다우와 깊은 숲속, 오퐁드부아에서 함께 마시던 찻자리는 나에게 다시금 초심을 떠올리게 하는 시간이 되어주었다. 차를 모르는 사람들을 포함한 더 많은 사람들에게, 차의 즐거움을 깨닫게 해주는 이런 공간들이 참으로 소중하고 좋다. 게다가 자연 속에서 마시는 차는, 진리 중의 진리이다.

오퐁드부아 티하우스

주소 대구 달성군 가창면 주리2길 101
오퐁드부아 티하우스
연락처 0507-1448-0319
영업시간 화~금 11:00~19:00
토~일 11:00~20:00 월 정기휴무
SNS @tea_aufonddubois
기타사항 주차, 포장, 피크닉세트 예약

소소향

그 길에 들어서는 것만으로도 사과의 향기가 가득하게 느껴지는 동네, 경상도 영주. 참 신기하게도 영주의 공기에서는 사과의 내음이 느껴진다. 사과 정과가 유독 맛이 있었던 경상도 '소소향'은 사과의 동네 영주에 자리를 잡고 있는, 부부가 운영하는 참으로 정갈한 찻집이다. 찻집보다 더 너른 정원의 잔디와 꽃은 바지런한 주인분들의 손길을 닮아서인지 단정하고 고왔다. 입구에 놓여 있는 앙증맞은 돌맹이 발자국이며 하늘로 솟아 있는 솟대들, 깨끗한 잔디밭과 함께 어우러진 돌무더기들, 자연 그대

로의 공간, 소소향. 진하게 고아 만든 소소향 대추차의 맛은 아
직도 잊을 수가 없다.

바글바글 차를 끓이는 정겨운 소리와 쌍화차와 대추차의 향
기가 느껴지는 소소향은 들어서는 순간부터 "와!" 하는 감탄사
와 함께 구석구석 구경하는 재미가 가득한 찻집이다. "조그마

해서 구경할 게 없을 텐데…"라고 수줍게 말을 건네시는 주인분의 손길이 곳곳에 느껴지는 공간. 창문 가리개와 테이블보, 찻잔 받침 등 이곳에서 사용하는 모든 천에 자수가 하나하나 정성껏 놓아져 있다. 테이블마다 꽃과 들풀들이 어여쁘게 꽂혀 있었고 손뜨개와 바느질로 만든 다양한 소품들이 한편에 자리를 잡고 있었다.

참으로 신기한 건, 차를 마시다 보면 자꾸만 자연과 가까운 삶을 좇게 되는 것이다. 차를 마시다 보면 바느질이건 뜨개질이건 찻잔 받침을 내가 직접 만들게 되고, 들풀이나 들꽃을 보며 행복해할 수 있는 정원이나 화분을 가꾸게 되고, 그러다 결국 또 이들을 닮은 예쁜 자수를 하게 된다. 텃밭에서 내가 직접 키운

재료를 손질하여 차와 함께 곁들이게 되고, 그게 아니더라도 그런 삶을 동경하게 된다.

시간이 걸리고 시간을 들여야 하는 일임에도 건강한 제철 음식들을 찾게 되고, 자연의 흐름에 귀를 기울이게 된다. 손으로 직접 만드는 모든 것들을 예찬하고 자연이 주는 모든 것에 감사하게 된다. 자연이 주는 음료, 차를 마심으로써 자연에 가까운 삶을 찾게 되고, 옛것과 전통의 소중함에 자꾸만 귀를 기울이게 된다. 그래서 차라는 음료는 과거와 현재를 이어주고, 자연과 사

람을 연결해주고, 그리하여 결국은 우리의 삶을 더욱 풍요롭게 만들어주는 듯하다.

유기 그릇에 뜨뜻하게 담겨 나오는 대추차와 쌍화차는 정성이 가득 담긴 진하디 진한 맛이었고, 아이스 홍시가 그대로 담긴 홍시 스무디는 어른도 아이도 좋아할 만한 달고 시원한 맛이었다. 직접 만드셨다는 사과 정과는 과하게 달지 않고 사과의 향기가 짙게 느껴져 영주 사과의 싱싱함을 고스란히 담고 있었다.

공간도, 차도, 다식도. 그토록 익숙하고 정겨운 엄마와 아빠의 손길이 느껴지는 것처럼 따스하고 포근한 공간 소소향. 진하게 고아낸 대추차와 쌍화탕의 온기가 여행길 내내 오래오래 곁에 머무는 듯했다.

소소향

주소 경북 영주시 문수면 문수로 1425
연락처 054-632-5959
영업시간 수~월 11:00~20:00 화 정기휴무
SNS @sosohyang_yj
기타사항 단체석, 주차, 포장

호중거

눈이 펑펑 내리던 날 우연히 찾아가게 되었던 '호중거'는 차로 만난 좋은 인연 중의 한 곳이다. 인도에 있는 동안 하동으로 내려가셨다는 소식을 듣고, 상상만으로 그곳을 떠올리다 드디어 한국에 돌아와 찾게 되었다. 분당 한편에 자리를 잡고 있을 때에도 참으로 고즈넉하고 멋스러운 곳이었지만, 하동에 자리를 잡은 호중거는 마치 처음부터 그곳에 있었던 것마냥 하동에 잘 어울렸다.

하동에 가는 단 하나의 이유라고 하면 단연 이곳을 꼽을 정도로 애정하는 다실이자, 학생들이나 지인들에게도 반드시 추천하는 호중거는 하동 화개 용강길 녹음이 가득한 곳 안쪽에 조용히 자리를 잡고 있다. 이곳을 아는 이들이라면 누구나 나만의 아지트처럼 간직하고 싶은 그런 공간. 오랜 지인이자 참으로 존경하는 선생님께서 운영하는 호중거는 절제된 차의 미덕을 오롯이 느낄 수 있는 곳이기도 하다.

호중거 다실은 참으로 단정하고 멋스럽다. 한쪽 벽면에는 끊임없이 손길이 닿아 반들반들 윤기가 흐르는 차호들이 가지런히 놓여 있고, 넓은 나무 테이블 위에는 언제든 차를 마실 수 있

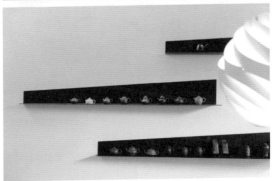

도록 차도구들이 무심한 듯 놓여 있다. 여백의 미를 충분히 살린 공간이 주는 여유로움에 마음이 편안해진다. 가로로 긴 유리창을 통해 들어오는 햇살과, 살랑거리는 초록의 나뭇잎들이 마음을 간지럽힌다. 차를 고르고 가만히 머물러 있는 이 순간이 나에게는 힐링이다.

차를 준비하는 시간에 이처럼 공을 들인다는 것은 차를 그만큼 사랑하고 소중히 여긴다는 뜻이기도 하다. 물을 끓이는 소리가 바글바글 공기 중에 차오르면 선생님은 참으로 차분하고, 참으로 정갈하게, 차도구를 꺼내고, 찻잎을 넣고, 차를 우려내어 조용히 대접해 주신다. 그 과정을 지켜보는 나는 나도 모르게 숨을 죽이고 조심스레 찻잔을 들어 향기를 음미하고 천천히 입으로

경상도

가져간다. 차를 한 모금 마시는 순간, 이것이 행복이구나 싶다.

호중거에서 내가 주로 고르는 차는 중국 우롱차 중에서도 무이암차이지만 이곳에 준비되어 있는 차는 모두 맛이 좋다. 호중거에서 특별히 만나볼 수 있는 우리 녹차인 고연산방의 자닮녹차와 발효차인 자닮황차도 한 번 만나보면 잊을 수 없는 차인 만큼 추천하고 싶다. 특히 자닮황차는 카카오 같은 짙은 단맛과 깊고 부드러운 풍미가 일품이다. 같은 차라 할지라도 어떤 공간에서, 어떤 마음으로 차를 우리느냐에 따라 그 맛은 달라지기 마련이다. 자연의 향기가 가득한 하동에서, 그 중에서도 호중거에서 마시는 차 한 잔은 그 어떤 차와도 비교할 수 없다.

예약제로 한 팀만 운영되기 때문에 고요하고 평화롭게, 차를 즐길 수 있다. 창밖으로 살랑이는 바람 소리와 보글보글 끓는 주전자의 물소리, 차를 우려내는 작은 소리들 외에는 온 세상이 조용하다. 온 감각을 차에 집중할 수 있어 그 시간이 더욱 소중하다. 조곤조곤 들려주시는 차에 대한 이야기도 차 맛을 더해준다.

문득 유리문 밖으로 보이는 나무와 돌, 풀과 흙이 이루고 있는 자연 풍경이 이처럼 아름다웠나 싶다. 하동 거리에서 품어왔다는 꽃이나 풀과 같은 소재들도 조용히 호중거 한편을 채우고 있다. 지리산 속 무릉도원이라 해도 과언이 아닐, 그런 찻집이다.

주소 경남 하동군 화개면 용강길 100-1
연락처 010-4252-5135
영업시간 매일 09:00~12:00,
　　　　　　13:00~16:00, 예약제 운영
SNS blog.naver.com/teeliebe
기타사항 주차, 예약

3장

강원도
·
충청도
·
전라도

강원도 강릉

우가

블렌딩차를 참 좋아한다. 블렌딩이라는 것은 결국 재료와 재료의 조합인 셈인데, 서양 브랜드에서 흔히 추구하던 시각적으로 예쁜 색감에 향기롭고 화려한 블렌딩도 그 자체로 참 좋지만, 개개인의 체질에 맞게, 날씨와 기후에 맞게, 컨디션에 맞게, 사람의 몸과 마음에 도움을 줄 수 있는 재료들의 조합으로 만들어진 블렌딩차를 추구하는 편이다. 그래서 일상찻집 전문가반 티클래스에서도 블렌딩 수업을 할 때에는 인도 의학인 아유르베다와 《동의보감》에서 사용하는 약용 허브 같은 재료를 활용한 기능성 블렌딩차를 다루는 편이다.

도울 우佑자에 집 가家. 평범한 듯 평범하지 않은 이름의 찻집 '우가'는 각종 한방 약재를 활용한 기능성 블렌딩 차를 선보이는 곳이다. 들어가는 길가에 빨갛게 피어난 양귀비꽃이 마치 한 폭의 그림 같았다. 전국 방방곡곡 찻집을 다니면서 가장 좋았던 것은 다름 아닌 자연이었다. 산, 바다, 잔디, 풀, 꽃… 모든 찻집이 자연 속에 어우러져 있었기에 온전하고 깊은 휴식을 누릴 수 있었을 것이다. 자연이 펼쳐진 공간에서, 자연이 주는 음료인 차 한 잔을 마시는 것. 자연이 주는 치유의 힘은 상상 그 이상이다.

피로회복을 돕는 우차는 황기와 백출 등의 약재가 블렌딩되어 있고, 혈액순환을 돕는 여유차는 계지, 작약 등의 약재가 블렌딩되어 있다. 수분을 보충해주는 수분차는 오미자와 황정 등이, 열을 내려주는 청화차는 국화와 감초 등이, 숙면을 돕는 마음쉼차는 용안육 등이 각각 블렌딩되어 있어 각자의 컨디션에 맞게 필요한 차를 주문해서 즐길 수 있다.

통유리 창가에 앉아 파란 하늘과 초록빛 가득한 잔디밭을 바라보며 다우와 함께 각자에게 필요한 차를 하나씩 주문한다. 주문한 차가 나오기 전 눈부시게 파란 잔디밭과 아무렇게나 피어 있어도 참 예쁜 들꽃들, 전원 풍경을 멍하니 바라보며 오늘도 맛있는 차를 마실 수 있음에 감사한다.

차를 벗 삼아 살아간다는 것은 세상을 살아가는데 든든한 아군을 곁에 두고 있는 것과 같다. 한 잔의 차가 주는 위로와 환희 같은 따스한 정서, 그것이 곧 내 삶이자 일상이 되기 때문이다. 전국 곳곳에 다양한 차를 다루는 찻집들이 많아지고 있고, 여러 가지 차를 일상적으로 즐기는 사람들이 많아지고 있음이 참으로 반갑고 좋다. 이는 곧 나의 마음이, 너의 마음이, 그리고 우리의 마음이 넉넉해지고 있음을, 그리고 우리 사회가 차 한 잔의 여유를 즐길 수 있음을 뜻하는 것일 테니까 말이다.

우가를 나서는 길, 바람에 흔들리는 빨간 양귀비가 한들한들 손 인사를 한다. 오래도록 이 자리를 지키는 찻집 우가였으면 좋겠다.

우가

주소 강원 강릉시 사천면 산대월길 147-4
연락처 033-644-3508
영업시간 화~일 11:00~19:00 월 정기휴무
SNS @wooga_hanbang.cafe
기타사항 주차, 반려동물 동반, 무선 인터넷

과객

눈이 부시도록 파란 날이었다. 쨍한 햇살과 구름 한 점 없는 맑은 하늘을 벗 삼아 도심을 벗어나는 일은 설렘 가득한 일이었다. 더 나은 삶을 살아가기 위해 자연을 차치하며 도시를 만들고, 이제 마음 가득한 번뇌를 떨치고 여유를 찾기 위해 다시금 도시를 떠나 자연을 찾는다.

처음에 인도에서 생활할 때 가장 감사했던 것은 물이었다. 한국에서는 당연하게 여겼던 물이 인도에서는 참으로 귀하고 귀했다. 수도에서 나오는 물이 아무리 정수된 물이라고 해도 그 물

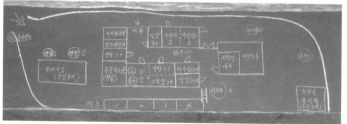

로 당연한 듯 양치를 할 수는 없었다. 당연했던 내 주변의 많은 것들이 사라지고 나서야 감사한 마음을 느낄 수 있었다.

마음껏 여행을 하고, 친구들과 수다를 떨고, 마스크 없이 마음껏 숨을 들이쉴 수 있었던 삶도, 그것을 잃어버린 후에야 감사하고 그리워하게 된다. 이렇게 자연은 우리에게 많은 것을 주지만, 우리는 그것들을 남용하고 나서야 돌아오는 결과를 마주하며 과거를 그리워하고, 또 감사하게 된다.

　도시를 조금만 벗어나면 카페인지 집인지 알지 못할 만큼 주변 경관과 자연스레 어우러져 있는 찻집을 만난다. 돌담길에 한가득 피어 있는 꽃들이 정겹다. 실제 한옥집을 그대로 사용하고 있는 '과객'은 친절하게 찻집 안내도를 그려두었는데, 찻집 한편에 조상님 휴식처를 그대로 모시고 있는 모습이 인상적이었다. 섶방, 도장방, 안방, 사랑방, 대청마루, 대청방…, 방마다 각자의 색을 띄고 있어 마음에 드는 곳을 골라 앉으면 된다. 좌식도, 입식도, 야외 대청마루도 모두 준비되어 있다. 과객은 강원지방문화재 55호 상임경당 유형문화재로 지정되어 있는 공간이라 그 역사가 길다고 하던데, 주변 경관과도, 자연과도, 자연스레 어우러진 한옥의 느낌이 참으로 좋았다.

더위를 많이 타는 다우가 실내로 들어가자고 했지만, 녹음이 가득해 마음까지 맑아지는 야외 자리가 참 예뻐 곳곳을 둘러보고 사진을 찍었다. 불을 때던 흔적이 있는 아궁이와 빗장 하나뿐인 허술한 대문, 키 큰 나무들과 기와지붕까지, 마음이 낙낙해지는 공간이었다.

　다양한 수제약선전통차와 날 더운 날에 좋을 에이드류도 준비되어 있다. 어딜 가나 냉오미자차를 시켜 맛을 보는 다우는, 초록이 가득한 과객의 오미자차도 마음에 든다고 했다.

　차 한 잔 앞에 두고 자연 속에서 차멍하기 좋은 곳. 이름 모를 새가 지저귀고, 벌이 윙윙거리는 소리가 아름다운 곳. 쨍한 날씨에도 더없이 예쁜 공간이었지만, 처마 밑으로 빗방울이 떨어지는 소리가 들려도 운치 있고 좋을 것 같아서, 다음에는 비가 내리는 날에 이곳을 찾아야겠다는 생각을 했다. 자연이 주는 휴식에 여유로웠고, 자연과 어우러진 삶을 살았던 조상들의 지혜에 탄복했고, 지금을 살아가는 내가 이 공간을, 그 시간을 누릴 수 있음에 감사했다.

주소   강원 강릉시 성산면 갈매간길 8-3

연락처   033-644-9150

영업시간   화~일 10:30~18:00 월 정기휴무

기타사항   주차

화진다실

한두 해 전 좋아하던 청주 숙소로 여행을 왔을 때 꼭 들르려고 했던 '화진다실'은 안타깝게도 찻집 대관으로 인해서 문 앞에서 발걸음을 돌려야만 했었다. 이번에는 반드시 들어가고 말겠다 며, 남쪽으로 여행을 떠나던 길에 벼르고 별러 가장 먼저 들른 화진다실은, 찾지 않았더라면 정말 후회하고 또 후회했을 만큼 멋진 공간이었다.

아는 사람들은 이미 다 알고 있을 만큼 알려진 이곳 화진다실 은 사진으로, 입소문으로 충분히 접했음에도 불구하고 기대 이상이었다. 어느 곳 하나 눈을 뗄 수 없을 만큼 공간 구석구석을 채운 애정 어린 물건들은 시간과 이곳을 찾은 사람들의 손길을 더해 더욱 빛났다.

화진다실은 말차로 만든 모든 음료와 디저트, 음식이 공존하는 공간이다. 오리지널 말차뿐만 아니라 말차오레, 초록숲말차파르페, 초록말차티라미수, 말차밀크쉐이크, 녹차를 우린 물에 밥을 말아 먹는 연어 오차츠케 등 다양한 메뉴가 준비되어 있다.

일본 교토의 말차와 호우지차, 남해와 제주의 녹차를 다양하게 활용한 재미있는 메뉴들로 가득 차 있다. 호우지차란 녹차 중에서도 다 자란 잎과 가지를 섞어 만든 차로 센 불에 볶아서 만들기 때문에 구수한 맛이 나고 카페인이 적다.

'말차'란 말차를 위해 특별히 재배한 녹차를 잎까지 모조리 가루로 내어 마시는 녹차의 한 형태를 말한다. 앞서 한번 언급했듯이 보통 차를 마실 때에는 찻잎을 우려 우러난 차의 수용성 성분만 섭취하게 되지만, 말차는 찻잎을 통째로 갈아서 만든 가루에

따뜻한 물을 넣고 차선으로 곱게 거품을 내서('격불'이라는 표현을 사용한다) 마시다 보니 차의 수용성 성분뿐만 아니라 지용성 성분까지 섭취하게 되어 영양학적으로는 가장 우수한 형태로 차를 마시는 것이다. 중국 송나라 시대에서 이 다법은 일본에서 적극적으로 받아들여 지금까지 그들만의 전통으로 살려오고 있기에, 지금은 말차라고 하면 자연스레 일본을 떠올리게 되지만, 우리나라에서도 양질의 말차를 점점 더 많이 생산하고 있다.

아기자기하고 앙증맞은 고양이 장식품들과 오신 손님들이

그려 붙이고 간 듯 벽을 가득 채우고 있는 고양이 그림들, 서로 다른 모양새와 색감으로 찬장을 가득 채우고 있는 찻그릇과 찻주전자들…. 어디선가 '야옹' 하고 고양이가 튀어나올 듯한 화진다실은 빈티지하면서도 레트로하고, 따스하면서도 감성적이고, 복작복작하면서도 편안한 공간이다.

창밖 한쪽에는 높게 올라간 아파트가 슬쩍 보이지만, 지저귀는 새소리와 담쟁이넝쿨과 앞 주택의 기와지붕과 같은 고즈넉함을 즐기며 이런 공간이 남아 있음에 다시 한번 감사하게 된다. 이렇게 짙고 부드러우면서도 포근한 말차가 또 있을까 싶을 만큼 맛 좋은 화진다실의 한 그릇, 한 그릇을 비워내며 공간에 위로받고, 말차에 위로받는다. 문득 눈을 들어 바라본 벽에는 할머니 한 분이 고양이를 꼬옥 끌어안고 계신 사진이 붙어 있다. '고양이에 위로받다'

말차를 통해, 기물을 통해, 공간을 통해, 그렇게 우리에게 작은 위로를 건네는 곳, 화진다실. 일부러라도 꼭 찾아가보길 바라는 찻집이다. 더 많은 사람들이 위로를 받고 가길 바라며.

화진다실

주소 충북 청주시 상당구 상당로70번길 20-12
연락처 043-263-6711
영업시간 월, 금, 12:00~19:00
   토, 일 12:00~20:00 화~목 정기휴무
SNS @hwajindasil

나무와그릇

아무리 불러도 대답이 없다. 대문은 활짝 열려 있고 좋아하는 클래식 음악이 흘러나오고 전구도 반짝반짝 빛나고 있는데 말이다. 분명히 문을 연 듯한데 도통 인기척이 없어 여기 기웃, 저기 기웃. 곳곳이 너무 예뻐서 다우와 함께 연신 카메라 셔터를 눌러댔다.

툇마루에 놓여 있는 앉은뱅이 테이블과 폭신한 패브릭 방석, 그 뒤로 줄지어 선 오래된 책들까지도 무척이나 정겨웠다. 낮은 담 위로는 기왓장이 겹겹이 쌓여 있었고, 마당 한편에는 참으로

부러운 장독대가 보였고, 땔감용 나무들도 쌓여 있었다.

찻집으로 운영되는 공간은 마치 동화 속 어딘가에 들어와 있는 듯한 착각마저 들었다. 창가에 무심히 쌓여 있는 옛날 목침 베개, 색색의 나무 의자와 서까래 아래 선반 위에 놓여 있는 제각각의 바구니들, 오래된 재봉틀과 고가구들, 빈티지 소품들 어느 것 하나 놓칠세라 구경하는 즐거움이 쏠쏠했다. 그 옆쪽으로는 그릇과 린넨 옷가지가 그득한 보물창고 같은 공간이 펼쳐지는데, 들어가 보지 않고는 배길 수 없는 이끌림의 공간이었다.

한참을 구경해도 인기척이 없기에, 인터넷을 열심히 뒤져 거

우 번호를 찾아 전화를 걸었더니 텃밭에서 일하고 계셨단다. 린넨 원피스에 앞치마를 두른 인상 좋으신 주인분께서 활짝 웃으며 금세 돌아오셨다. 메뉴를 찬찬히 보라며, 정원에 놓여 있는 원형 테이블에 바싹 마른 린넨 테이블보를 새로 깔면서 한쪽 독채는 살고 계신 공간이라고 하셨다.

마당 한쪽에 있는 테이블에 자리를 잡고 앉아서 그제야 찬찬히 메뉴를 살펴보았다. 어딜 가든 그 찻집의 오미자차를 반드시 맛보는 다우는 나무와그릇에서도 어김없이 오미자차를 주문했고 나는 아무데서나 쉽게 만나보기 힘든 구절초차를 주문했다. 구절초차는 여성들에게 특히 좋은 차로 알려져 있는 데다 피로

회복에도 좋아서, 선선한 바람과 함께 마당에 앉아, 이번 여행의 끝자락에 한 잔 마셔주면 완벽할 것 같았다. 오미자는 산오미자라서 귀하고 맛이 좋다고 하셨는데, 빨간 색상이 참 곱고 예뻤다. 자연이 품고 있는 색상은 그 어떤 것도 따라갈 것이 없다.

곁들여나온 다식에는 포크 대신 나뭇가지가 꽂혀 있었는데, 그마저도 참으로 낭만적인 시골 생활을 그대로 보여주는 듯했다. 공간이 주는 즐거움과, 자연이 주는 넉넉함, 차 한 잔의 여유로움을 만끽하고, 주인분과 다음에 다시 보자며 살갑게 인사를 나누고 돌아오는 길, 생각해보니 찻값을 안 내고 온 게 아닌가. 헐레벌떡 돌아가서 계산을 안 한 것 같다고 했더니, 그때까지도 어안이 벙벙 미처 깨닫지 못하고 계신 주인분의 그 낙낙한 일상이 그 무엇보다도 부러웠던 날이었다. 지나갈 일이 있다면 꼭, 아니 없더라도 꼭 한 번 들르길 바라는 곳이다. 행복한 삶이란 이런 것이구나, 하는 생각이 들 수밖에 없는 공간, 나무와 그릇이 그득했던 그런 찻집이었다.

나무와그릇

주소 전북 무주군 설천면 지전길 25-2

연락처 063-322-8724

영업시간 목~월 11:00~19:00

라스트 오더 18:00 화~수 정기휴무

기타사항 주차

성산재

MBTI가 ENFJ인 나는 모든 것을 계획적으로 진행하는 편이다. 어릴 때부터 다이어리를 깨알 같은 글씨로 꼼꼼하게 기록했던 것은 물론이고, 성인이 된 이후로는 플래너를 시간 단위로 꾸준히 작성하면서 특히 일이나 공부에 있어서만큼은 이보다 더할 수 없을 만큼 계획적인 매일을 보내왔었다.

　지난 세월이 있기에 그런지, 지금도 검사 결과는 변함없는 ENFJ이고 시간 단위의 플래너도 작성하고 있긴 하지만, 나이가 들어감에 따라, 가족이라는 존재가 생겨남에 따라, 삶의 경험치가 쌓여감에 따라, 그리고 마지막으로 모든 게 계획대로 되지 않는 인도에서 4년이라는 시간을 보낸 이후로 많은 부분을 내려놓게 되었던 것 같다. 특히나 인도에서 아이들과 함께 수십 개의 도시를 여행하면서 계획이란 그다지 중요하지 않다는 것을 깨달았고, 우연히 누릴 수 있는 즐거움을 만끽하는 방법을 터득했다. 어느 화창한 봄날 낯선 곳을 여행하던 중, 골목길에서 우연히 발견한 파란 잔디밭에 이끌려 들어갔던 '성산재'를 만난 것처럼 말이다.

　　전라도에는 생각보다 많은 전통 찻집들이 있다. 팔고 있는 메
뉴도 비슷하고, 한옥을 모티브로 하고 작은 정원이 함께 딸려 있
는 그런 전통 찻집들 말이다. 화려하고 볼거리가 많은 찻집이 아

닌, 수수하고 조용해서 더 좋았던 성산재는, 우연한 만남 덕분에 나에겐 특별한 찻집으로 남게 되었다.

테이블이 몇 개 되지 않아 아담한 성산재는 복작스러움에서 벗어나 자연명, 차명을 즐기기에 더없이 좋은 곳이다. 창가에 앉으면 눈앞에 푸른 잔디밭이 펼쳐지고 새들이 지저귀는 소리에 세상 근심을 잠시 미뤄두게 된다. 바람이라도 불면 풍경 소리가 살랑살랑 기분 좋게 울려온다.

전통 찻집을 처음으로 가면 꼭 한 번쯤 맛보는 차는 바로 쌍화탕이다. 개인적인 경험으로 쌍화탕이 진하고 맛있는 찻집일수록 다른 차들도 맛다. 바글바글 끓여서 나오는 이곳 성산재의 '쌍대탕'은 내가 먹어본 쌍화탕 중에서 으뜸이다. 사실 쌍화탕

은 따로 있지만, 쌍화탕에 대추를 듬뿍 넣어서 달여 만든 쌍대탕은 쌉쌀함에 대추의 단맛이 더해져 내 입맛에는 더없이 좋았다. 오래도록 바글바글 끓는 모습에 군침이 절로 돈다. 밤과 잣, 은행이 듬뿍 들어 있어 먹고 마시는 즐거움이 배가 되는 쌍대탕은 여독을 풀기에도 더없이 좋다. 걸쭉하고 뜨거운 국물을 마시다 보면 온몸에 열기가 도는 게 느껴진다.

　차를 시키면 가래떡 구이에 조청과 튀밥, 검은콩구이를 함께 내어주시는데 떡에 조청을 찍어서 튀밥을 묻혀 함께 먹는 거라고 무심히 알려주신다. 차 한 잔 마시러 왔다가 배가 그득 불러서 나가게 되는 곳. 마치 시골 외할미 집에 온 듯한 기분이 들어 일어나기가 쉽지 않다. 여행길 우연히 만난 성산재, 잊지 못할 쌍대탕 한 잔에 마음까지 따스해진 날이다.

주소 전북 김제시 성산서길 61-3
연락처 063-542-1590
영업시간 월~토 11:00~22:00
　　　　　일 11:00~18:00
　　　　　매월 마지막주 일요일 휴무
기타사항 주차

명가은

논밭을 지나 좁은 길을 구불구불 따라가다 보면, 굳이 찾아가지 않으면 지나가다 들를 리는 없을 법한 곳에 '명가은'이 자리를 잡고 있다. 널찍한 주차장에 차를 대고 튼튼한 나무 기둥에 기와 지붕이 얹어져 있는 대문을 들어서면 갖가지 이름 모를 꽃과 풀이 가득한 넓은 정원이 눈앞에 펼쳐진다. 절로 감탄사가 나오는 예쁜 정원. 키가 큰 소나무 그늘 아래 테이블이 놓여 있고, 탐스럽게 열린 꽃송이들이 가득하다. 새들이 지저귀는 소리와 벌들이 꿀을 모으러 바쁘게 윙윙거리며 날아다니는 소리, 풀벌레 우는 소리와 이슬이 떨어지는 소리까지, 그야말로 자연 BGM이 가득한 싱그러운 정원이다.

안쪽 널찍한 방에는 앙증맞은 차도구들과 아기자기한 소품들이 가득하다. 창가에 자리를 잡고 앉았더니 창밖 풍경에 눈을 뗄 수가 없다. 함께 간 다우가 차명은 이런 데서 해야 제맛이겠다며 연꽃차를 주문한다. 우리나라의 녹차와 대용차, 중국차, 말차 등 다양한 차종과 함께 여러 가지 다식을 갖추고 있는 명가은에서 우리가 꼭 마셔보고 싶었던 차는 연꽃차이다. 연꽃잎이 활

짝 펼쳐진 모양새를 보고 있는 것도 기분 좋고, 작은 표주박으로 차를 연신 따라 마시는 즐거움도 있다. 백련에 연잎차를 진하게 우려서 부어주어 맛이 깊고 진하다. 《오두막 편지》에서 법정 스님께서 말씀하셨던 연꽃차의 향이 이것이었을까, 찬찬히 음미해 본다.

찻집을 찾아다니는 일은 현재를 살아가는 우리에게 특히나 꼭 필요한 일인 것 같다. 이렇게 자연 한가운데에 자리를 잡고 있는 찻집들이라면 차 한 잔 마시는 일이 그야말로 자연과 교감하는 일이요, 풍류를 즐기는 일이 아니겠는가. 자연에서 온 차한 잔으로 목을 축이며 눈으로, 귀로, 초록의 자연을 감상하고 감탄하는 이 시간은 세상 그 어느 것에도 방해받지 않고 오감을 오롯이 지금 이 순간에 집중할 수 있는 잔잔한 힐링의 시간이 되어준다. 요가를 통해, 명상을 통해 구하려고 하는 마인드풀니스, 마음챙김의 시간은 이렇게 매일의 일상 속에서 차 한 잔 하는 평범하고 작은 행위에서도 찾을 수 있는 것이다.

다우와 함께 말없이 차를 우리고, 따르고 마시다 눈이 마주쳤다. 빙그레 미소 지으며 고개를 끄덕인다. 연꽃차가 이렇게 달고 맛있는 줄 미처 몰랐다며. 같은 차라고 해도 누구와 함께 마시는지, 어떤 장소에서 마시는지, 어떤 마음가짐으로 마시는지에 따라 그 맛은 천차만별로 달라진다. 차를 마시는 매 순간 내가 가

보았던 드넓은 차밭, 햇살에 까맣게 탄 얼굴로 활짝 웃으며 찻잎을 따는 여인네들의 손길을 떠올리며 감사하는 마음으로 차를 마시다 보면, 내가 마시는 차는 세상에서 가장 맛있는 차가 되는 것이다.

세상을 살아가는 이치가 차 한 잔에 담겨 있다. 문득 찾게 된 담양의 한 찻집 명가은에서 연꽃차를 마시며, 전기가 나가서 구운 인절미가 안 되어 미안하다며 건네주신 폭폭한 떡 한 접시와 자연 속에서 다우와 함께 하는 연꽃차 한 잔에, 세상 모든 것을 가진 듯 마음이 뜨뜻해지고 행복이 밀려온다. 그래서 차는, 찻자리는, 언제나 설렘으로 시작하여 행복으로 마무리된다.

명가은

주소 전남 담양군 가사문학면 반석길 48-8
연락처 061-382-3513
영업시간 화~일 10:00~18:00 월 정기휴무
기타사항 주차

섬진다원

학업의 스트레스와 더불어 한창 질풍노도의 시기를 겪었을 10대 시절, 우리 집은 한강 변에 자리를 잡고 있었다. 도심 한가운데에 있는 아파트였음에도 불구하고, 창밖으로 잔잔하게 흐르는 강물을 바라보고 있노라면 마음이 절로 평안해지는 것이 마치 한강에게 위로를 받는 듯한 기분이 들곤 했다. 20~30년 전의 일이지만 아직도 그때의 기분이 생생하여 흐르는 강물을 바라볼 때면 언제나 그 시절, 그때의 추억에 잠기곤 한다.

하동에서 섬진강 다리 하나만 건너면 만날 수 있는 전라도 광

양시에 위치하고 있는 '섬진다원'은 유유히 흐르는 섬진강의 풍경이 펼쳐지는 소박하고 아름다운 찻집이다. 입구에서 꼬리를 치며 나와 다우를 반겨주는 강아지들이 사랑스러웠고, 이름 모를 온갖 들풀과 들꽃들이 피어 있는 정원이 참으로 예뻤고, 숲을 둘러 걸어갈 수 있는 산책길이 좋았고, 다실로 들어서는 순간 눈앞에 펼쳐지는 섬진강의 풍경에 잠시, 옛 추억에 잠길 수 있어 좋았다.

예약제로 운영되고 있는 섬진다원은 이곳에서 직접 만든 차와 다식이 함께 짝을 이루어 제공된다. 단순히 디저트와 같은 달콤한 다식이 아니라 직접 키운 재료로 만든 손맛이 가득 담긴 제

철 음식들이 나온다. 섬진다원은 다른 다원들과 달리 모든 차를 발효차인 홍차로 만드는데, 조금 더 싱그럽고 풋풋한 느낌이 살아 있는 청향과 더 달큰하고 진득한 맛이 매력적인 진향의 두 가지 차로 나누어진다. 채엽하는 시기에 따라 세작과 중작, 대작이 따로 있어 다양한 차들을 만나볼 수 있었다.

애피타이저로 크림치즈와 달콤한 과일, 허브가 올려진 카나페와 풋풋한 청향의 차를 함께 마셔보았는데 입안에서 느껴지는 그 어우러짐이 참으로 재미있었다. 텃밭의 허브로 장식한 스파게티와 마당의 닭이 낳았다는 귀하디 귀한 삶은 유정란과 새콤함이 살아 있는 진짜 제철 딸기도 함께 맛볼 수 있었다. 맛과 향이 한층 농익은 진향의 홍차는 그 자체로도 맛있었지만 음식과 서로 맛을 돋워주어 곁들이기에 더없이 좋았다. 차와 음식의

175

어우러짐을 생각하고 고민하신 흔적이 역력히 느껴져 그 시간이 더욱 귀하게 다가왔다.

잘 익은 망고와 달콤하고 시원한 냉차 역시 다식으로 즐길 수 있었다. 섬진다원에서 신선하고 재미있는 경험까지 함께 할 수 있었던 시간은 나에게도 다우에게도 특별한 시간이 되어주었다.

감사하게도 멀리서 온 손님이라며 시간의 흐름이 더해진 섬진다원의 홍차의 맛을 보여주셨는데, 마치 공기처럼 부드럽고 자연스럽게 넘어가는 황홀한 차의 맛에 반해 잔을 채워주시는 대로 연거푸 찻잔을 비워냈다. 세월의 흐름이 더해진 나의 아름다운 추억들이 기억 속에서 더욱 빛나며 선명해지는 것처럼, 오랜 세월을 함께 담아온 섬진다원의 차는 입안 가득 그 향기를 남기며 오래오래 여운에 잠기도록 만들었다.

이제 섬진강을 떠올리면 다름 아닌 이곳, 섬진다원이 생각날 듯하다. 그해 내가 데려온 섬진다원의 차들이 세월의 흐름을 머금고 또 어떤 향기와 추억을 남겨줄지 궁금해진다. 시간의 흐름과 함께 살아가는 것. 나 혼자가 아닌, 차와 함께라 더욱더 기대가 된다.

섬진다원

주소 전남 광양시 다압면 염창길 29-7
연락처 061-772-8970
영업시간 사전 예약제 운영
SNS @teahouse_sumjin
기타사항 예약, 주차

노산도방

정말 오랜만의 보성 여행이다. 우리나라 남쪽 끝에 위치하고 있는 전남 보성, 그 푸르른 차밭을 오랜만에 만나게 되었다. 24절기 가운데 곡우에 해당하는 날을 전후로 하여 그 해의 가장 처음으로 찻잎을 따서 만드는 우전, 그리고 곡우에서 입하 사이에 채엽하여 만드는 세작을 만드는 시기가 차를 만드는 가장 바쁜 때이다. 일부러 그 시기를 피해, 하지만 여전히 봄기운은 푸르른 5월 중순에 그곳을 찾았다.

보성에 가면 차밭은 차치하고서라도 꼭 가보고 싶은 곳이 있

었는데, 그게 바로 '도도헌', 노산도방이었다. 도도헌은 홍성일, 이혜진 부부 작가가 운영하는 도자갤러리이자 티하우스로 두 작가님의 손길 끝에서 따끈하게 구워져 나오는 다양한 노산도방의 차도구와 그릇을 감상하고, 그 누구보다 발 빠르게 구입할 수 있는 곳이다. 더불어 보성의 질 좋은 녹차뿐만 아니라 오룡차와 홍차, 흑차 등의 다양한 다류를 노산도방의 다구에 우려 마실 수 있는 공간이다. 도자기 도陶와 씀바귀 도荼(예전에 '차'라는 한 글자가 존재하기 이전에는 이 글자 역시 차를 뜻하는 단어였다) 자를 사용하여 도도헌이라는 예쁜 이름을 갖게 되었다고 한다.

내가 방문했을 때에는 마침 맑고 깨끗하기로 정평이 난 몽중산다원의 햇차를 우려주셨는데, 신선하고 향긋한 햇녹차와, 찻자리에 놓여 있는 것만으로도 아름다운 노산도방의 차도구, 차와 차도구를 대하는 작가님의 섬세한 손길까지 세 박자가 어우러져 짧은 시간이었지만 차와 기물의 아름다움을 만끽하고 돌아올 수 있었다.

차밭과 자연에 둘러싸인 보성에서 자그마치 23년이란 시간을 보내셨다고 한다. 그곳에서 만들어낸 차도구는 어떠할 것이며, 그 차도구에 우려내는 차의 맛은 또 어떠할 것인지 감히 짐작조차 할 수 없다. 그래서 자꾸만 노산도방의 기물에 손이 이끌리는지도 모르겠다.

벽면 이곳저곳을 채우고 있는 노산도방의 차도구와 그릇들, 나무의 결이 그대로 살아 있는 빈티지한 테이블, 쉬이 눈이 떨어지지 않는 전등과 창밖의 초록이 가득한 풍경, 무심한 듯 걸쳐진 패브릭까지도. 차와 함께 하는 삶이 고스란히 묻어나 더욱 정감 있는 찻집 도도헌이다. 빈티지한 파란색 문 밖으로는 자연과 함께 하는 작가님들의 생활이 그대로 드러나는 아담한 정원이 펼쳐져 있어 이보다 더 완벽한 풍경은 없는 듯했다. 나도 시골에 살면 참 좋겠다고, 함께 간 다우가 이 공간에 넋을 잃고 말했다.

도도헌은 노산도방 두 작가님들의 작업 공간이자 갤러리이다 보니 예약제 찻집으로 운영된다. 한적하게 작가님들과 다담을 나눌 수 있는 곳이기도 하기에 더욱 특별하고 정겨운 공간이다.

노산도방

주소 전남 보성군 보성읍 노산길 6-11 노산도방
연락처 0507-1338-4659
영업시간 월~토 11:00~18:00 일 정기휴무
SNS @nosanclaystudio
기타사항 주차, 예약

4장

제주도

우연못

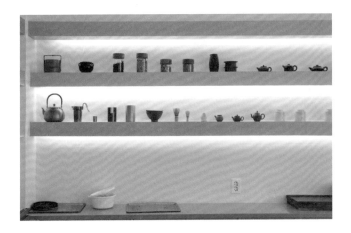

언젠가 제주도에서 살고 싶어, 라는 이야기를 앞세워 제주로 훌쩍 떠나곤 하지만, 사실은 1년간 열심히 살아온 나를 위해, 한해를 돌아보고 다음 해를 준비하는 조용한 안식년처럼 제주에서 시간을 보낸다. 차를 좋아하는 나는 사람이 많은 핫플이나 카페보다는 찻집이나 다원을 찾아다니곤 하는데, 제주도에 그렇게 사람이 많다고 해도 늘 한적하고 여유로운 시간을 보낼 수 있는 것은 그런 이유 때문인 것 같다. 그중에서도 제주도에 갈 때마다 잊지 않고 들르게 되는 곳 중의 하나가 바로 '우연못'이다.

　　다소 외진 곳에 자리 잡고 있는 조용하고 한적한 2층, 탁 트인
파란 하늘이 한눈에 들어와 계단을 올라가는 순간부터 가슴이
두근거리는 제주도 티하우스 우연못. 입식과 좌식, 바 형태의 테
이블이 멀찍이 거리를 두고 한적하게 자리를 잡고 있다. 화이트

톤의 인테리어와 밝은색 나무들이 여백의 미를 느끼게 한다.

우연못은 "우연히 발견한 공간에서(우), 따뜻한 온기와 온도를 나누고 더하는 곳(연), 연못을 채운 빗물(못)처럼 찻잔에 담긴 차를 마시며 나를 정화시키고 치유시키는 곳"이라는 곱고 예쁜 뜻을 담고 있는데, 이름이 공간을 그대로 묘사하고 있다.

우연못에서 제일 좋아하는 차를 꼽아보라고 하면 제주 홍차와 귤피를 블렌딩한 제주 브렉퍼스트티이다. 제주도를 찾은 첫날은 이 차를 넉넉하게 구입해서 숙소로 들고 간다. 제주도에서 맞는 아침에 마시는 제주 브렉퍼스트티라니, 참으로 낭만적이지 않은가!

그 외에도 제주 호지차라든지 루이보스에 쉽게 만나보기 힘든 제주조릿대와 금목서꽃잎, 레몬밤을 블렌딩한 허브차인 나이트오브곶자왈과 같은 우연못의 자체 블렌딩티들은 참으로 매력적이다. 제주도에서 자라는 재료들을 활용하여 블렌딩한 차들은 제주의 땅을 꼭 닮아서, 육지로 돌아가 제주도 여행이 슬금슬금 그리울 때 한 잔씩 꺼내어 마셔도 좋다.

차 한 잔을 주문해서 자리에 앉으면 모래시계와 함께 간편히 차를 우릴 수 있도록 준비해 주는데, 보온병에 뜨거운 물을 넉넉히 담아주기 때문에 여유 있게 천천히 여러 번 우려 마실 수 있다. 스콘과 단호박케이크, 레몬파운드와 휘낭시에와 같은 간단

한 티푸드도 마련되어 있어 차와 함께 즐길 수 있다.

우연못에 갈 때에는 손에 책을 한 권씩 들고 간다. 좌식 테이블에 편안히 앉아서 차를 우려 마시며 책을 읽는 시간은 제주 여행의 묘미를 만끽하게 해준다. 제주의 자연이 담긴 차 한 잔과 제주의 좋아하는 공간에서 보내는 시간이야말로, 진정한 제주 여행의 묘미가 아닐까. 잔잔한 음악과 맑고 깨끗한 공간, 은은하게 퍼지는 차의 향기와 함께 나만의 시간에 집중할 수 있는 곳.

옆 테이블에서 도란도란 낮은 목소리로 이야기를 나누는 소리마저도 잔잔하게 마음을 울리는 공간이다. 마침내 우연못에 앉아 호로록 차를 한 모금 마시는 순간, 제주도에 왔음을 실감한다.

미리 예약을 하면 우연못의 티테이스팅 코스를 경험할 수 있다. 티테이스팅 코스는 우연못의 세 가지 차를 시음하고 차에 대한 설명을 들을 수 있는 시간으로 차를 조금 더 알고 싶거나, 차에 대한 설명을 원하는 사람들에게 추천한다. 티마스터가 직접 우려주는 차를 경험할 수 있다.

우연못

주소 제주 제주시 은수길 110 2층

연락처 064-712-1017

영업시간 수~월 12:00~19:00 화 정기휴무

홈페이지 wooyeonmot.co.kr

SNS @wooyeonmot.teahouse

기타사항 주차 가능, 포장, 예약, 무선 인터넷

도리화과

차를 마시다 보면 자연스럽게 티푸드나 다식에도 관심을 갖게 된다. 계절의 변화가 느껴지면 고르는 차의 종류가 달라지듯이, 제철 재료를 활용해서 계절을 고스란히 담아내는 화과자 생각 이 나는 것도 이때쯤인 것 같다. 맛있는 화과자를 손쉽게 구할 수 없었던 10여 년 전에는, 먼 지방에서 일부러 잘 만든 화과자 를 공수해서 먹기도 했었다.

　매일 마주하는 공기의 기운이 달라지고 계절이 변해가고 있 음이 느껴질 때쯤, 계절 화과자, 계절 음료 및 계절 빙수를 맛볼 수 있는 공간이 집 근처에 있었으면 좋겠다는 생각을 하곤 했다. 화과자라는 것은 만들어보면 알겠지만, 정말 손이 많이 가고 손재간도 좋아야 하는 다식이다. 제주에서 머물면서 멀지 않은 곳에서 그런 공간을 찾았을 때의 반가움이란. 화과자와 차를 파는 공간이라니!

도리화과는 제주도에서 맛있는 화과자와 함께 차를 즐길 수 있는 고즈넉한 공간이다. 흔히 만나볼 수 없는 풍미의 무화과 잎 차와 카페인이 없는 루이보스에 히비스커스가 들어가 색깔이 곱디고운 분홍반지, 그리고 세계 3대 홍차로도 손꼽히는 중국의

기문 홍차를 베이스로 하여, 리치향과 매화꽃을 더해 만든 새콤
달콤한 '여지홍'과 같이 특별한 차와 말차라떼, 제주청귤에이드
가 준비되어 있다.

테이블 간격이 제법 떨어져 있고 좌식과 입식, 푹신한 소파
자리까지 마련되어 있어 취향에 맞는 자리를 골라 조용하고 편
하게 차를 즐길 수 있다. 깨끗한 패브릭과 나무 테이블의 조화와
공간을 채우고 있는 소품들의 정갈한 어울림이 공간을 한층 더
돋보이게 해준다. 나는 겨울에 이 공간을 방문했는데, 겨울 시가

적힌 페이지에 바스라진 낙엽을 올려둔 감성을 잊을 수가 없다. 화과자를 만드는 섬세한 손길과 공간을 채운 감성은 도리화과를 더욱 특별한 찻집으로 만들어준다.

계절와가시 세트를 맛보려면 예약은 필수다. (와가시는 일본어로 화과자라는 뜻이다.) 겨울 계절와가시 세트는 보늬밤이 통째로 들어가 씹는 즐거움이 더해져 식감의 대비를 느낄 수 있는 재미있는 양갱과 나와 다우가 모두 반해 버린 딸기 모찌, 제주도 댕유자가 기분 좋게 씹히는 귤 모양의 앙증맞은 화과자와 버터와 단팥의

조화과 잘 어우러지는 모나카, 그리고 크림치즈와 대추야자의 만남이 담긴 플레이트로 겨울 향기를 만끽할 수 있었다. 한입 크기의 앙증맞은 화과자를 생각했는데, 크기가 제법 넉넉해서 둘이 먹기에도 충분하고도 남을 양이다.

도리화과의 화과자는 그 계절을 기억하기에 참 좋은 맛이었다. 결코 과하지 않은, 절제된 단맛이 재료 본연의 매력을 한껏 끌어올렸고, 재료들 간의 맛과 식감의 조화로움이 입안에 한가득 퍼졌다. 무화과 잎차는 처음 마셔보았는데, 특유의 바닐라, 코코넛 향기와 같은 크리미한 풍미가 제법 마음에 들었다. 다우는 여지홍을 곁들였는데, 여지홍의 새콤함이 화과자의 부족함을 채워주어 마음에 든다고 했다.

도리화과는 조용하고 단정한 공간인 만큼 각 테이블의 대화 소리도 도란도란 나직하다. 12세 미만의 아이들은 함께 할 수 없는 공간이지만, 그 이상의 아이들, 혹은 어른들이라도 공간이 주는 힘을 만끽하려면 고요함을 존중하면 좋을 듯하다. 세상의 소란스러움을 잠시 뒤로 하고, 계절의 변화를 온몸으로 느끼고 싶을 때 찾으면 좋을 공간. 제주의 계절 재료로 만든 계절와가시 세트는 꼭 추천하고 싶다.

도리화과

주소 제주 제주시 아연로 194
연락처 0507-1327-3132
영업시간 수~토 12:00~18:00
　　　　　　라스트 오더 17:00 일~화 정기휴무
SNS @dorihwa_
기타사항 12세 이상 가능

시월희

오래전부터 마당이 있는 시골집에 사는 게 꿈이었다. 해가 뜨고, 지고, 달이 뜨고, 별이 뜨는 모습을 하염없이 바라볼 수 있고, 계절의 흐름을 온몸으로 느낄 수 있는, 하루의 시간을 고스란히 보낼 수 있는 그런 삶이라면 참 좋겠다는 생각을 하곤 했다. 텃밭을 가꾸며 모든 음식을 소박하게 직접 해 먹고, 차를 마시고 그림을 그리며, 흔들의자에 앉아 뜨개질을 하는 삶. 자연을 벗 삼아, 자연의 흐름을 따라 살며 타샤 튜더 할머니처럼 늙어가기, 스콧과 헬렌 니어링이나 소로우처럼 사는 삶을 동경하고 또 바라왔다.

그런 이유로 언젠가는 꼭 제주에 내려와 살겠다는 야무진 꿈을 꾸어왔다. 혼자 사는 삶이 아니다 보니, 신랑과 아이들이라는 현실적인 핑계를 앞세워 아직도 실천하지 못한 꿈이지만 한국에 있는 동안은 매년 제주를 찾았다. 차를 업으로 삼고 있는 만큼 바닷가를 배경으로 아담하고 다정한 찻집을 하는 것도 참 좋겠다는 그런 생각을 하곤 했다.

그리고 그 해, 한적한 바닷가 근처에서 내 꿈을 읽기라도 한 듯한 작은 찻집이 문을 열었다. 탁 트인 하늘과 파란 바다를 배경으로 하는 작은 마을 골목길에 자리를 잡고 있는 '시월희'는 예쁜 부부가 하는 다정한 찻집이다. 차와 정으로 꽉 채워진 이 공간은 더 많은 사람들에게 차와 함께 하는 기쁨을 주고 싶은 마음으로 시작하게 되었다고 한다.

얼마나 소박하고 예쁜 꿈인지! 차에 처음으로 푹 빠졌을 때 매일같이 그런 생각을 했던 것 같다. 누가 시키지도 않았건만, 차를 널리 알리겠다며 차를 알고 싶어 하는 사람들이 있다면 어

디든지 달려가겠다고 선언하기도 했었다. 차와 함께 하는 기쁨
은 나누면 나눌수록 두 배, 아니 세 배, 아니 그 이상으로 커진다.

시월희는 그런 마음이 가득히 담긴 찻집이다. 메뉴에 없는 차
도 요청하면 기꺼이 우려주실 것만 같은 그런 넉넉한 찻집. 더불
어 처음부터 끝까지 정성과 수고를 담아 직접 만든 건강한 다식
을 함께 곁들일 수 있다. 주인 부부의 차의 취향이 탁월한 만큼,

메뉴에 있는 모든 차들은 추천할 만하다.

좋아하는 작가님의 다관을 모티브로 만들었다는 로고는 시월회의 단정함을 그대로 담고 있다. 나무 테이블과 나무 의자, 따스한 색감의 조명, 동네 분이 만들어주셨다는 장식장까지. 아늑한 공간 곳곳에 섬세한 손길이 닿았다. 장식장에 올려진 기물 하나, 하나에 애정이 담뿍 담겨 있음을 느낄 수 있다. 차와 기물을 대하는 따뜻한 손길에 차를 마시기도 전에 이 공간에 빠져들게 만든다.

홀로 조용히 차를 우려 마시기에도 좋은 공간이지만, 예약하고 가는 티코스도 추천한다. 직접 차를 골라서 마실 수도 있고, 추천해주시는 차도 좋다. 곁들여지는 시월회의 다식은 계절의 흐름을 담아 모두 직접 만드시는데, 시간과 손이 상당히 많이 들어가는 수제 육포는 이곳 다식 중에서도 특히 인기이다. 지난 가을 이곳을 찾았을 때, 정성 가득 들어간 보늬밤과 티코스의 마지막에 내어주시는 말차 한 사발은 잊을 수 없는 따스함으로 남았다. 이곳을 찾는 이들을 극진히 대접하고자 하는 부부의 마음이 오롯이 느껴졌다.

남이 우려준 차처럼 맛있는 차 한 잔은 없지만, 시월회 부부의 취향이 그득히 담긴 차도구들을 직접 만져볼 수 있는 즐거움도 포기할 수는 없다. 다관과 숙우, 찻잔과 찻잔 받침까지도. 어

떠한 사물이 특별해지는 것은, 애정이 듬뿍 담긴 시선 때문이 아닌가. 시월희의 모든 기물은 참으로 특별하다.

부부가 가진 차의 취향과 애정이 듬뿍 담긴 시월희에서의 시간은 마치 시공을 초월한 듯한 느낌을 준다. 커튼 뒤에 숨겨진, 나만의 비밀스러운 공간으로 남겨두고 싶은 제주의 찻집으로 기억될 것 같다. 집 근처에 있었다면 분명히 단골 찻집으로 참새 방앗간처럼 드나들었을 법한 찻집. 나 홀로, 친구와 함께, 아이들과 함께, 부모님과 함께, 누구와 함께 찾아도 편안하고 따뜻한 공간으로 기억될 시월희는 골목길 너머 넘실대는 바다처럼 차향기가 그득히 피어오르는 그런 찻집이다.

시월희

주소 제주 제주시 조천읍 북촌5길 29 1층
영업시간 수~일 11:00~18:00 라스트 오더 17:00
  월~화 정기휴무
SNS @siwolhee
기타사항 주차 가능, 예약

올티스

인도에 있을 때 닐기리의 차밭을 참 자주 놀러 갔었다. 닐기리는 인도에서도 남인도 서쪽에 위치하고 있는 고산 지대의 차밭이다. 다즐링, 아쌈, 닐기리가 인도 3대 차 산지로 꼽히는데, 고산 지대이다 보니 남인도라고 해도 기후가 선선한 편이었고, 푸릇푸릇한 차밭이 드넓게 펼쳐져 있어 자연 속 힐링을 하기에 더없이 좋은 곳이었다.

이른 아침 물안개가 몽실몽실 피어오르는 차밭 위로 떠오르는 태양을 바라보며, 닐기리의 따뜻한 차 한 잔을 마시는 그 순간은 온 세상을 다 가진 듯했다. 이슬이 맺힌 찻잎을 어루만지고, 반짝이는 햇빛을 받으며 피어난 차꽃의 아름다움을 감상하는 즐거움, 차로 5시간 거리면 언제든 만날 수 있는 그 풍경을 오래오래 기억하고 있다.

거문오름을 지나 드넓게 펼쳐져 있는 제주 다원 '올티스'는 제주도를 찾을 때마다 차밭 풍경을 감상하며 차 한 잔 마시러 들르는 곳이다. 널기리에서의 추억이 피어나는 곳이라고나 할까. 제법 한적하게, 또 알차게 차를 즐길 수 있는 곳이다. 햇살 좋은 날 이곳을 찾으면 파란 하늘과 초록빛의 다원이 어우러져, 보는 것만으로도 마음이 평화로워짐을 느낀다. 차밭 사이 사이를 산책하면서 제주도가 품고 있는 자연의 향기를 천천히 음미해 보자. 맑고 신선한 공기가 몸 안을 가득 채워준다.

올티스에서 운영하는 티테이스팅 클래스인 티마인드는 예약 후에 체험할 수 있는데, 약 50분간 제주 다원 올티스에서 직접 재배하고 제다한 차를 맛볼 수 있다. 예약제인 만큼 여유롭게 그 시간을 즐길 수 있음이 좋고, 예약 시간이 끝나도 차밭을 천천히 거닐 수 있어 좋다. 우리가 차밭 사이 사이를 산책하는 동안, 연인들은 차밭을 배경으로 추억으로 남을 사랑스러운 사진을 남기기도 하고, 친구와 함께 온 이들은 재미있는 포즈를 취하며 까르르 즐거운 웃음을 짓는다.

올티스 티마인드에서는 맑고 깨끗한 녹차와 진득한 단맛이 좋은 홍차, 구수하고 편안한 호지차, 진하고 쌉쌀한 말차 총 네 가지를 만나볼 수 있다. 말차는 원하는 사람에 한해 우유가 들어간 말차라떼로 만들어주신다. 눈앞에서 차를 우리고, 내어주시며, 친절하게 차에 대한 기본적인 설명을 더해주기 때문에 차를 처음 접하는 분들이나 차를 알고 싶으신 분들에게 추천하고 싶은 시간이다. 차에 대해 전혀 알지 못하는 분이라면 제주도에서 만들어지는 다양한 차를 맛보고 비교해볼 수 있을 뿐만 아니라 차에 대한 다양한 지식을 채워갈 수 있다. 서너 개의 테이블로 채워진 넓지 않은 공간이기 때문에 한적하게 힐링을 누릴 수 있다.

작황에 따라 매년 차 맛이 달라지는 것은 당연하지만, 찾아갈 때마다 차 맛이 조금씩 더 좋아지는 것은 차에 대한 애정과 고민

을 끊임없이 하기 때문이리라 생각한다. 천혜의 환경을 누리고
있는 제주도에서 만들어지는 우리 차가 우리뿐만 아니라 세계
인의 입맛을 사로잡을 수 있는 그날을 기대해 본다.

올티스

주소 제주 제주시 조천읍 거문오름길 23-58
연락처 0507-1401-9700
영업시간 매일 10:00~18:00
　　　　　　휴게시간 12:00~13:00
SNS @orteasfarm
기타사항 주차, 예약

연화차

매일 차를 마시는 일상을 16년째 해오고 있다. 16년간 하루도 빠짐없이 아이들과의 찻자리로 아침을 시작하고, 혼자 있는 시간에도 차를 찾는다. 카페인이 들어간 차를 마시기도 하지만 차를 마시는 시간이 점점 길어짐에 따라 차를 음용하는 것 또한 현명함을 찾게 된다.

특히 날이 추워지면 카페인이 없는 우리의 자연으로 만든 우리 차를 찾는다. 몸을 보해주고, 온기를 더해줄 수 있는 그런 차. 제주의 자연을 한 잔의 차에 담았다는 '연화차'야말로, 내가 찾던 곳이었다.

연화차는 제주 동쪽 중산간 윗밤 오름과 알밤 오름 사이에 고즈넉하게 자리 잡고 있는 찻집이다. 예쁜 부부가 운영하는 연화차는 작은 마을 선흘에서 제주의 자연에서 난 제철 재료로 직접 차를 만들고 정성껏 다식을 만든다. 우리의 땅에서 만들어낸 자연처럼 우리의 몸에 잘 맞는 것이 또 있을까. 신토불이와 제철음식을 담아낸 연화차가 나의 평생 삶의 방식과 닮아 있어 그런지 이 공간이 더욱 정겹게 느껴졌다.

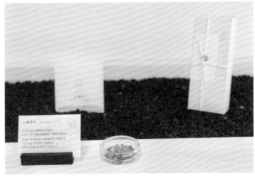

　모든 공정을 수작업으로 느리게, 하지만 제대로 만들어내는 연화차의 모든 차는 아홉 번 덖고 아홉 번 말리는 구증구포 제다 방식으로 만든다. 우리가 방문한 겨울에는 도라지차와 구기자차, 귤피차와 당근차, 비트차, 그리고 귤피와 감국 줄기, 감국꽃을 블렌딩한 연화차의 스페셜티가 준비되어 있었다.

　몸에 열이 많은지, 찬 편인지, 소화가 잘되는지, 피로감을 느끼는지, 각자의 체질과 상태를 가볍게 알아본 후에 어울리는 차를 추천해주신다. 나는 다우와 함께 연화차를 방문했는데, 구기자차와 스페셜티, 그리고 도라지차를 순서대로 맛볼 수 있었다. 우리기 전에 눈앞에서 찻잎을 살짝 덖어주시는데, 그로 인해 향기가 더욱 짙게 피어오른다.

많은 대용차들을 맛보았지만 이처럼 맛이 좋고 향이 좋은 차는 처음이었다. 종종 맛보던 구기자차와 도라지차도 연화차에서 내어준 것은 향기의 깊이가 다르다고나 할까. 깜짝 놀랐다. 다우 역시 새로운 차를 내어주실 때마다 연신 감탄을 하며 찻잔을 비워냈다. 마지막으로 내어주신 무와 흑임자, 귤로 만든 다식까지도 우리의 마음을 온전히 사로잡았다.

카페인이 없고 우리 땅에서 난 재료로 만든 만큼 건강하게 즐길 수 있는 제주의 자연을 담은 연화차에서 보낸 시간은 진정한 쉼과 여유를 만끽할 수 있는 시간이었다. 한 잔의 차로 철마다 달라지는 제주를 느끼고 싶다면, 꼭 추천하고 싶은 찻집이다.

연화차

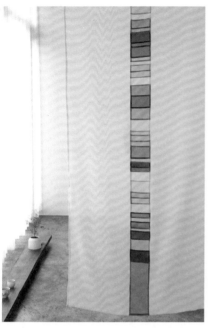

주소 제주 제주시 조천읍 선교로 46
연락처 0507-1377-9974
영업시간 금~화 10:00~17:00
　　　　　수, 목 정기휴무
SNS @yeonhwa.tea
기타사항 단체석, 주차, 예약

호월

차 마시기 좋은 계절, 가을에 '호월'을 찾았다. 차를 세우고 노랗게 잘 익은 조생귤이 그득히 달린 길을 찬찬히 걸어 들어가면 이곳 호월이 모습을 드러낸다. 자연과의 어우러짐을 그대로 담아낸 공간. 마치 한 폭의 수묵채색화처럼 자연과 함께 호월이 있다.

호월은 예약제로 티코스를 운영하는 조용한 차실이다. 제주도의 한적함을 만끽하고 싶은 분들이라면 이곳을 추천하고 싶다. 프라이빗한 공간에서 통유리창 너머로, 바람에 흔들리는 나무와 풀, 자연의 움직임을 바라보며 호월에서 엄선한 차 세 가지와 오감을 만족시키는 다식을 즐길 수 있는 곳이다. 맑고 파란 하늘이 노을로 붉게 물들어가는 모습도 시시각각 차 한 잔을 곁들이며 감상할 수 있는 더없이 멋진 공간. 공간의 외부도, 내부도, 호월 부부의 감각을 고스란히 담아내고 있다.

차에 대해 한없이 겸손한 태도를 보이지만, 사용하는 기물이며 차를 우려내는 솜씨는 절로 감탄을 자아낸다. 차에 맞추어 선

택하는 기물과 찻잔도 예사롭지 않다. 차를 우려내는 섬세한 손길은 때맞추어 내어주시는 다식도, 다식을 담은 접시도, 플레이팅도, 자꾸만 눈길이 간다. 이곳에 머무는 내내 편안함과 안락함이 나를 감싼다.

내가 만났던 호월의 차는 대만의 정총철관음과 중국 무이암차 중의 자홍포, 그리고 보이차였다. 정총철관음은 중국의 철관음 품종을 대만 목책 지역에 옮겨 심어 재배하여 만든 대만의 철관음으로 우롱차의 한 종류이다. 중국의 철관음이 화려한 향기를 자랑한다면, 대만의 정총철관음은 한결 편안하고 부드럽게 즐길 수 있다.

자홍포는 이름에서 유추할 수 있는 것처럼 중국 무이암차 중의 하나인 대홍포에서 파생되어 육성된 품종으로 싹과 잎이 자색을 띤다고 해서 붙은 이름이라고 한다. 자사호에 정성껏 우려낸 자홍포는 달고도 상쾌했고 함께 간 다우 역시 연거푸 찻잔을 비워냈다.

중간중간 내어주신 무화과며, 홍시에 마스카포네 치즈, 그리고 직접 속을 채워 달지 않고 진한 맛이 일품이었던 모나카까지, 차의 맛을 흐트러트리지 않고 곁들이기 좋은 다식이었다.

차를 마시는 내내 오감이 즐거웠던 호월에서의 시간, 함께 간 다우도 차를 잘 모르지만 이날 호월에서 마신 차는 전부 다 마음에 들었다며, 다음에 꼭 다시 찾겠다고 몇 번이고 다짐했다. 차를 모르는 사람들도, 차를 잘 아는 사람들도 모두가 만족하고 돌아갈 수 있는 공간 호월. 매년 가을이 되면 이곳 호월에서의 시간이 절로 떠오를 것만 같다.

호월

주소 제주 서귀포시 남원읍 남한로 418-11 가운데
통유리 건물

연락처 010-6838-5372

영업시간 매일 11:00~12:00

SNS @howol_teahouse

기타사항 예약제, 비정기적 운영

모모다식

제주도 남쪽은 햇살이 참 예쁜 동네이다. 제주도 북쪽에서 내려
온 나는, 바람이 쌩쌩 부는 날씨에 있는 옷은 다 끄집어내어 껴
입고 왔는데, 서귀포에 들어서는 순간 껴입은 옷들을 하나씩 다

벗어내고 햇살을 즐기며 가벼운 발걸음으로 길을 나서게 되었다. 같은 제주도라고 해도 이처럼 날씨와 바람의 세기가 달라지는 제주도는 늘 찾아도 늘 새롭고 신비롭다.

저 멀리 보이는 노란 간판과 노란 파라솔은, 마치 카모메 식당이나 안경, 빵과 스프, 고양이와 함께 하기 좋은 날과 같은 일본 영화 속의 한 장면을 떠오르게 한다. 파란 하늘에 몽실몽실 뭉게구름이 피어 있는 날씨까지도 완벽했다.

이름처럼 귀엽고 깜찍한 외관의 모모다식. '차, 커피, 다과' 힘찬 손글씨를 바라보며 마치 영화 속으로 들어가는 듯 미닫이문

을 드르륵 열고 들어선다. 문을 열고 들어서는 순간, 다른 시공간이 펼쳐지는 듯했다. 일본 영화 속 주인공처럼, 린넨 앞치마를 두른 사장님께서 가게 이름처럼 귀여운 미소를 방긋 지으며 맞이해주신다. 사장님께서 직접 페인트 칠을 하고, 마룻바닥도 높여 만들었다는 애정이 담뿍 담긴 공간 모모다식. 요가와 명상을 좋아하시는 분들이라면, 벽에 숨어 있는 '옴' 글자를 찾아보길 권한다.

크지도 작지도 않은 모모다식은 공간 곳곳에서 정겨움이 그득히 묻어난다. 창가에 놓여 있는 테이블 위에 무심히 꽂혀 있는

들꽃 한 송이도, 나무로 쌓아 올린 선반이나, 그 안에 놓여진 차 도구들, 차와 요가에 대한 책들과 깨끗한 린넨보 위에 놓여 있는 찻잔들, 작은 창밖으로 펼쳐지는 초록과 파란 하늘, 모모다식의 차와 다식이 무척이나 기대되는 순간이다.

모모다식에는 인도 다즐링의 백차와 청차, 한국의 녹차와 홍차, 보이차, 말차와 같이 여러 나라의 싱글 오리진 티들과 마살라 짜이, 대용차도 준비되어 있다. 이곳은 차도 좋지만, 모모다식이라는 이름처럼 다식에 특히 심혈을 기울이는데, 수제로 직접 만드는 다양한 한식 다과를 맛볼 수 있는 차담 플레이트와 참기름에 구워낸 전복포와 함께 구성된 전복포 차담 플레이트, 아침에 직접 빚어낸 주말 한정 과일찹쌀떡과 녹차에 말아서 나오는 녹차밥까지. 손이 많이 가는 다양한 다식들이 준비되어 있다.

주문한 차는 직접 우려 마실 수 있는데, 차도구 사용법과 우려 마시는 방법을 친절히 설명해주니 겁낼 것 없다. 이 분위기를 즐기며 찬찬히 차를 우려 마시는 기쁨을 누려보길 바란다. 날이 너무 더웠고, 다식에 곁들이기 위해 다즐링에서 만들어진 우롱차를 골랐지만, 나마스테 인디아라고 이름 붙여진 모모다식의 마살라 짜이 역시 무척 궁금해서, 다시금 이곳을 찾을 이유가 생긴 듯했다. 뜨거운 물은 계속해서 리필해 주기에, 여러 번 충분히 차를 즐길 수 있다. 모모다식의 테이블에 앉아 개완에 우려낸 다즐링 청차는, 그 어디서 마셨던 다즐링보다 맛있었다.

주문한 차담플레이트는 모약과와 유자양갱, 쌀오란다와 호두강정으로 구성되어 있는데, 신선한 허브와 쑥가루를 곁들여

유기 그릇에 정갈하게 담아주셨다. 이렇게 맛있는 한과 다식은 처음이다 싶을 만큼 감탄스러운 맛이었다. 혼자 먹기 아까울 만큼 맛 좋은 다식에 차 한 잔은 황홀 그 자체였다. 모모다식에 오시면 차는 물론이거니와 다식을 꼭 곁들이시길 권하고 싶다.

귤나무 가득한 동네 한쪽 귀퉁이에 자리를 잡은 모모다식. 차를 알고 배우는 시간도 소중하지만, 차를 그 자체만으로 즐길 수 있는 시간은 삶의 순간을 더욱 풍요롭게 만들어준다. 차 한 잔의 작은 평화를 만끽하고 싶다면, 모모다식을 찾길 권한다. 나만의 짧은 영화를 즐길 수 있는, 지극히 평범한 듯, 지극히 신비로운 찻집이다.

모모다식

주소 제주 서귀포시 효돈순환로 197 1층
연락처 0507-1321-1885
영업시간 목~월 12:00~18:00
　　　　　　화, 수 정기휴무
SNS @momo_dasik
기타사항 주차, 포장, 예약

《차를 타고 떠나는 차 여행》
스탬프 지도 이벤트

이벤트 기간 2023년 3월 1일(수)~2023년 6월 30일(금)

추첨 날짜 2023년 7월 7일 금요일 **|** **추첨 인원** 5명

상품 티 듀엣 기프트 세트

응모 방법 1) 아래 '장소'에 있는 찻집을 방문하여 음료를 주문하고 지도에 **'도장'** 혹은 **'사인'** 받기

2) 최소 **6칸**을 채우고 스탬프 지도 사진을 촬영하여 이메일 주소로 보내기

3) 이메일 주소 보낼 때 메일 제목은 "차여행 스탬프 지도 이벤트 참여",
내용은 스탬프 지도 사진과 성함, 연락처, 상품 당첨 시 상품 받을 주소 적기

4) 당첨자는 인스타그램 공지 및 개별 문자 발송

이메일 books-garden1@naver.com **|** **인스타그램** @thebooks.garden

장소

서울·경기

① **명가원** 서울 종로구 윤보선길 19-18

② **티하철** 서울 마포구 동교로46길 42-5 2층 우측 202 티하철
*4월에 주소가 변경될 여지가 있음. 4월에는 주소를 확인하고 방문하세요!

③ **잎차** 서울 용산구 신흥로 95-21 2층

④ **차덕분** 인천 중구 은하수로 12 뱃터프라자 8층 802호

경상도

⑤ **비비비당** 부산 해운대구 달맞이길 239-16

⑥ **고고당티하우스** 울산 울주군 상북면 능산길 43-1 1층

강원도

⑦ **우가** 강원 강릉시 사천면 산대월길 147-4

⑧ **과객** 강원 강릉시 성산면 갈매간길 8-3

서울·경기

- 명가원
- 티하철
- 잎차
- 차덕분

경상도

- 비비비당
- 고고당티하우스

강원도

- 우가
- 과객

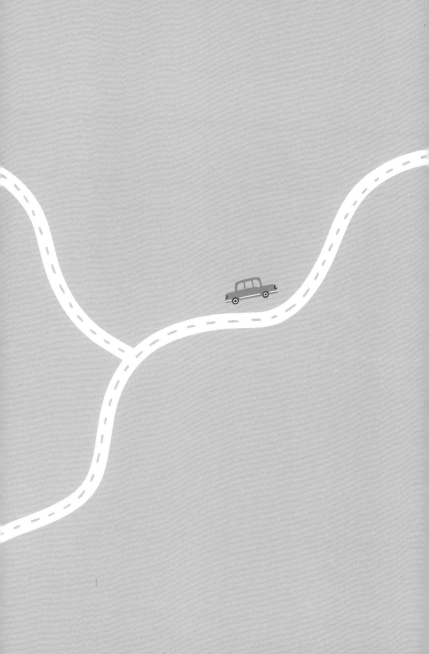

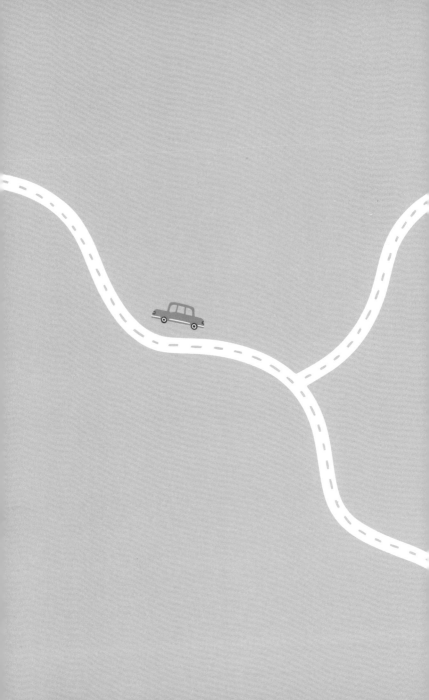